확률과 통계

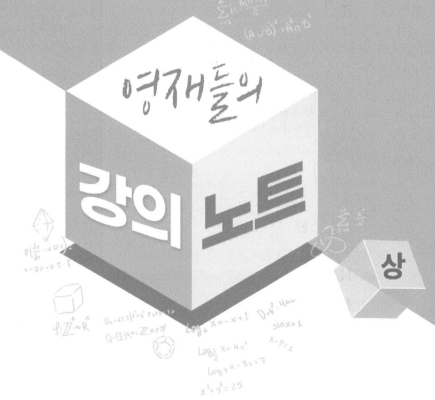

영재들의

강의 노트

상

저자 **김소연**

現) 과학영재학교 경기과학고 수학 교사 (2012~)
現) EBS 수능영역 수학 강사(2014~)
EBS 수능 연계 교재 검토(2013~)
서울대학교 석사(복소함수론 전공)
서울대학교 박사과정(수학교육학)
2009개정교육과정 교과서 및 지도서 집필

목차

상상할 수 없는 꿈을 꾸고 있다면
상상할 수 없는 노력을 해라.

이 책을 집필하며…

이 책은 과학영재학교 경기과학고에서 2012년부터 아이들을 가르쳐온 수학 교사 김소연의 확률과 통계 과목에 대한 강의노트입니다. 영재학교라는 곳에서 아이들을 가르치기 위해서는 무엇이 필요할까를 늘 고민했었고, 그런 고민은 가능한 많은 자료를 탐색하고 그 자료들 중에서 과목에 필수적이면서도 '영재' 라는 학생들에게 매력적인 내용을 선택해야 한다는 것이었습니다.

그래서 저는 매 학기가 시작하기 전 방학때마다 경기도인 집에서도 먼 곳에 있지만 공부했던 대학교 중 앙도서관을 찾아 관련 서적을 최대한 빌렸고 여러 책들을 탐독하며 강의에 사용할 내용과 문제들을 취사 선택하였습니다. 지금도 생각해보면, 매 과목을 새로이 맡을 때마다 가르칠 내용을 준비했던 이 과정들이 너무나 내 자신에게도 자랑스러운 일이라 생각이 듭니다. 10년을 영재학교에서 근무해오면서 그렇게 수 업에 사용할 강의노트를 준비했던 모든 것들이 교사인 저에게는 너무나 소중한 자료들이기에 이를 남기 기 위해 이 책을 집필하고 있는 것이라 생각이 듭니다.

영재학교라는 곳에서의 '수학 수업'의 내용은 누군가에게는 다 아는 개념이면서도 누군가에게는 처음 보 는 개념이고, 천재같은 어떤 학생은 보자마자 해결하는 문제이지만 누군가에겐 어려운 문제일 수 있기 때 문이죠. 이 모든 것을 최대한 만족하기 위해 수업준비하면서 제 자신에게 했던 질문은

'개념은 기본부터 제대로 완벽하게 수학적인 근거에 기반하면서 이를 일반화하면 어떨까?'
'개념을 적용할 기본적인 유형을 다양하게 푸는 방법과 이를 일반화 하는 방법, 또는 아이들 의 흥미를 자극할 다양한 문제를 묶어보자.'

라는 것이었습니다. 이러한 질문을 최대한 만족시키기 위해 강의노트를 직접 만들어왔고, 이 강의노트를 활용하여 아이들과 너무나 즐겁고 재미있으며 스릴(?)있는 수업을 해왔습니다. 수업시간에 교사가 던지 는 매력적인 질문에 대한 대답을 할 때의 학생들이 몰입하는 모습과 아이들이 문제를 풀 때의 열정, 그리 고 선뜻 해결할 수 없는 문제나 명제를 수업시간에 던졌을 때의 아이들의 미칠 것 같은 표정이나 반응은 수업을 늘 에너제틱하게 만들었던 것 같습니다. 그리고 이러한 과정에서 아이들이 스스로 먼저 해결하기 위해 다양한 대답을 하며(저 만의 비법?이 있습니다만, 이 방법을 이용하면 아이들은 정말… 목숨걸고 엄 청나게 집중하여 대답합니다. ^^;) 토론하는 것을 통해 교사인 저도 준비하고 의도했던 것 이상의 많은 것 들을 배웠던 것 같습니다.

어떤 아이들도 수업에서 뒤처지지 않고 기본부터 제대로 이해하고, 그 이상의 매력적이면서도 어렵지만 필수적인 여러 유형을 해결할 수 있도록 만든 문제를 통해 경기과학고 학생이 아니더라도, 확률과 통계를 제대로 공부하려고 하는 중·고등학교 학생이나, 대학교 1, 2학년의 학부과정의 학생들이 확률과 통계 과목을 예습하거나, 보강하기 위해서도 이 책이 큰 도움이 될 것이라 생각합니다.

마지막 첨언은 영재학교 학생들이 결국엔 대학교 입시에서 수리 논술을 볼 텐데, 그러기 위해서는 재학 기간에 '일반교육과정(일반 교과서)' 범위에서 무엇을 배우는지에 대한 경계도 알아야 합니다. 그래야 논술을 준비할 때, 이 부분을 좀 더 효율적으로 복습할 수 있을 것이라 생각이 듭니다. 이에 따라 이 책에서는 '일반교육과정에서 배제되는 부분'을 해당 소단원 목차에 표시하였습니다. 따라서 이 책을 통해 공부하는 어떤 학생이라도 이 책이 여러분들의 꿈을 이루는데 조금이라도 기여를 한다면 저에게는 너무나 크나 큰 영광이 될 것이라 생각합니다. 감사합니다.

-경기과학고 & EBS 수학교사 김소연 드림

순열

- 경우의 수를 세는 '세 가지 법칙'
  (합의 법칙, 곱의 법칙, 단위화)
- 순열
- 여러 가지 순열

경우의 수의 '세 가지 법칙'

중학교때 이미 배운 '어떤 사건의 경우의 수'를 우리가 다시 공부하려고 해. 이미 살짝 배웠지만, 너희들이 조심해야 할 것은 크게 두 가지 포인트야. 하나는 어떤 사건의 경우의 수를 구하라고 할 때, '사건=집합'이라는 것. 그리고 두 번째는 경우의 수를 구하는 법칙은 중학교때 배운 '합의 법칙, 곱의 법칙'인 두 가지뿐만 아니라, 저자의 특허인 '단위화(factorization)'라는 개념까지 알아야 해. 우리가 경우의 수 단원에서 결국 하고 싶은 것은 빠짐없이 겹치지 않게 세는 방법을 체계화 하고 싶은거잖아. 그치? 그렇다면, 경우의 수의 모든 문제풀이에서 등장하는 '덧셈, 뺄셈, 곱셈, 나눗셈'과 같은 사칙연산의 등장의 이유를 제대로 개념화 해서 알아야 하고 그렇게만 된다면 누구나 '경우의 수'와 확률 계산의 신! 이 된다는 것!

생각열기

(1) 사건 A = 집합 A, 경우의 수 = $n(A)$

예 '한 개의 주사위를 던질 때, 6의 약수의 눈이 나오는 경우의 수를 구하시오.'

라는 문제에서
'한 개의 주사위를 던질 때,' 나오는 모든 결과의 집합은 다음과 같고,

$$S = \{1,2,3,4,5,6\}$$

집합 S의 부분집합 중 하나인 집합 A = {1,2,3,6}를 생각하면
'6의 약수의 눈이 나오는 경우'인 사건은 집합 A와 같아. 그럼 여기서 물어보는 사건 A의 경우의 수는 집합 A의 원소의 개수인 $n(A)$라는 것이지. 정리하면

'~~의 경우' = 집합 A
'~~의 경우의 수' = 집합의 원소의 개수 = $n(A)$

이 개념을 알면 어떠한 복잡한 경우의 수를 물어보더라도 집합으로 바꾸어 집합의 연산을 이용하여 체계적으로 구할 수 있다는 거지.

(2) 경우의 수를 구할 때, '덧셈, 뺄셈'이 등장하는 이유 ⇨ 일반화된 '합의 법칙'

예 '한 개의 주사위를 던질 때, 6의 약수의 눈 또는 짝수의 눈이 나오는 경우의 수'를 구해보자. 경우의 수는 집합의 원소의 개수라고 했으니, 이 사건을 집합으로 나타내면 아래와 같아.

$$6\text{의 약수의 눈이 나오는 사건} = A$$

$$\text{또는} = \cup$$

$$\text{짝수의 눈이 나오는 경우의 사건} = B$$

따라서 구하는 경우의 수는 $n(A \cup B)$이지. 집합에서 배운 공식을 이용하면

$$n(A \cup B) = n(A) + n(B) - n(A \cap B)$$

$$= n(\{1,2,3,6\}) + n(\{2,4,6\}) - n(\{2,6\}) = 4 + 3 - 2 = 5$$

이렇게 구할 수 있어. 그리고 나는 이걸 **'일반화된 합의 법칙'**이라고 불러. 여기에서 덧셈과 뺄셈이 보이지? 즉, 경우의 수를 구할 때, 등장하는 덧셈 뺄셈은 '일반화된 합의 법칙'에서 등장한다고 생각하면 돼. 그리고 이걸 더 발전시킨게 뒤에 가서 배우게 될 '포함과 배제의 원리'라는 거야.

(3) 경우의 수를 구할 때, '곱셈'이 등장하는 이유 ⇨ 곱의 법칙

예 '한 개의 주사위와 동전을 동시에 던질 때, 짝수의 눈과 앞면이 나오는 경우의 수'를 구해보자.

한 개의 주사위와 동전을 던질 때의 전체의 경우를 나타내는 전체집합은 (주사위 눈, 동전면)의 순서쌍을 원소로 표현하면 아래와 같아.

$$S = \{(1,H), (2,H), (3,H), (4,H), (5,H), (6,H), (1,T), (2,T), (3,T), (4,T), (5,T), (6,T)\}$$

이때,

$$\text{짝수의 눈이 나오는 사건} = A$$

$$\text{과} = \cap$$

$$\text{앞면이 나오는 사건} = B$$

따라서 구하는 경우의 수는

$$n(A\text{와 }B\text{가 동시에 세트로 일어나는 경우의 수}) = n(\{(2,H), (4,H), (6,H)\}) = 3$$

$$= n(\{2,4,6\}) \times n(\{H\}) = 3 \times 1$$

$$= n(A) \times n(B)$$

즉, 구하는 사건이 완전하지 못한 두 개 이상의 사건 $A_1, A_2, \cdots A_n$이 연달아 동시에 일어나야만 전체집합 S의 부분집합인 완전한 사건이 되면 이 사건을 구하는 경우의 수는

$$n(A_1, A_2, \cdots A_K\text{가 연달아 동시에 일어나는 경우}) = n(A_1) \times n(A_2) \times \cdots n(A_K)$$

그래서 경우의 수를 구할 때, '곱의 법칙' 때문에 곱셈이 등장하는 거야.

(4) 경우의 수를 구할 때, '나눗셈'이 등장하는 이유
⇨ 단위화(Factorization)=묶음화 (By 소연쌤) ⇦ '곱셈공식'의 역과정

예 여기 서로 다른 공 6개가 있어.

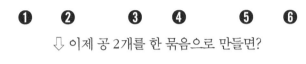

⇩ 이제 공 2개를 한 묶음으로 만들면?

총 3묶음이 되지? 여기서 6이라는 숫자가 3이 되기 위해서는 '**2개를 한 묶음으로 본다**'. 즉, '**2개를 하나로 인식한다**'는 약속을 한 것이고, 이 과정을 수식으로 나타내면

$$\frac{6개}{2} = 3묶음$$

이렇게 돼. 즉, '서로 다른 6개였던 것에서 2개를 하나로 인식한다' = '6을 2로 단위화(묶음화)' = '6을 2로 나눈다' 라고 표현할 거로, 그 결과 다음의 과정이 이루어지는 거야.

$$6개 ⇨ 3묶음 \ \left(\frac{6}{2} = 3\right)$$

그래서 경우의 수를 구할 때, '단위화' 가 필요하면 나눗셈이 등장하는 거야.

(5) '단위화(묶음화)' 적용해보기

예 주사위 1개와 동전 1개를 동시에 던져보자. 그럼 총 6×2 =12가지의 경우의 수가 생기지? 이 12가지를 아래처럼 다 나열해볼거야.

주사위1개 ─ 동전1개

$$1 \begin{array}{|c} H \\ T \end{array}$$

이 12가지 중에서 같은 주사위 눈으로(즉, 동전의 눈을 무시하고 하나로 보기 위해) 한 묶음으로 하면 전체 묶음의 수는 $\frac{12}{2} = 6$이 돼.

$$2 \begin{array}{|c} H \\ T \end{array}$$

즉, 주사위 1개와 동전 1개를 던질 때, '서로 다른 눈이 나오는 경우의 수'를 구하면 6이 되는 것과 같은 거지.

이 6 이라는 수를 구하기 위해 서로 달랐던 12가지에서 '2가지를 1묶음으로 보겠다'라고 하기 위해 12를 2로 나누어 6가지인 경우의 수를 구할 수 있었던 거야.

$$\vdots$$

$$6 \begin{array}{|c} H \\ T \end{array}$$

1. 경우의 수를 구하는 세 가지 법칙

(1)-1 합의 법칙

⇨ 두 사건 A와 B가 동시에 일어나지 않을 때,

(A또는 B가 일어나는 경우의 수)$= n(A \cup B) = n(A) + n(B)$

(1)-2 일반화된 합의 법칙

⇨ 두 사건 A와 B가 동시에 일어나는 경우가 있을 때,

(A또는 B가 일어나는 경우의 수)$= n(A \cup B) = n(A) + n(B) - n(A \cap B)$

(2)-1 곱의 법칙 – 작은 사건들이 동시에 일어나는 세트인 사건의 경우의 수

⇨ 한 사건 A가 일어나고 그 각각에 대하여 다른 사건 B가 일어날 때,

(A와 B가 동시에 일어나는 경우의 수)$= n(A) \times n(B)$

(2)-2 일반화된 곱의 법칙

(사건 $A_1, A_2, \cdots, A_k$가 동시에 일어나는 경우의 수)

$= n(A_1) \times n(A_2) \times \cdots \times n(A_k)$

(3) 단위화(Factorization)[1]

⇨ 서로 다른 n개에서의 m개씩을 같은 것으로 묶었을 때의 경우의 수는 $\frac{n}{m}$ 가지이다. 이 과정을 'n개를 m개로 단위화'한다고 하고 그 결과의 수는 $\frac{n}{m}$ 이 된다.

---

[1] 수학에서 많이 하는 것 중, 하나가 기존에 있는 수학적 대상에서 새로운 것을 만들어내는 거야. 대수에서 쉬운 예를 들면, 정수를 3으로 나누었을 때의 나머지 0, 1, 2에 따라 세 집합으로 분류하게 되면 무한개의 원소를 가진 정수 집합 Z의 원소를 세 종류로 분류한다는 거야. 무한개의 원소가 나머지가 같은 것끼리 단위화가 되어 세 개의 묶음이 된다는 거지. 위상수학에서 Quotient topology는 주어진 위상공간 X으로부터 새로운 위상공간 X/Y를 만들어 낸 것으로 위상공간 X에서 동형이 되는 위상공간 Y들을 하나로 단위화한 방법이지.

예제1) 합의 법칙

부등식 $2 \leq x+y \leq 6$를 만족하는 자연수 x, y의 순서쌍 (x, y)의 개수를 구하여라.

풀이1 x, y가 자연수이므로 주어진 부등식은 아래의 방정식들의 합집합으로 생각할 수 있다.

$$x+y=2, \; x+y=3, \; x+y=4, \; x+y=5, \; x+y=6$$

이때, 위 방정식의 해의 개수는

$$\text{사건 } A_1 : x+y=2 \Rightarrow (1,1) \Rightarrow 1개$$
$$\text{사건 } A_2 : x+y=3 \Rightarrow (1,2), (2,1) \Rightarrow 2개$$
$$\text{사건 } A_3 : x+y=4 \Rightarrow (1,3), (2,2), (3,1) \Rightarrow 3개$$
$$\text{사건 } A_4 : x+y=5 \Rightarrow (1,4) \cdots (4,1) \Rightarrow 4개$$
$$\text{사건 } A_5 : x+y=6 \Rightarrow (1,5) \cdots (5,1) \Rightarrow 5개$$

이때, 어느 방정식도 동시에 일어나지 않으므로 구하는 경우의 수는 아래와 같다.

$$n(A_1 \cup A_2 \cup A_3 \cup A_4 \cup A_5) = \sum_{k=1}^{5} n(A_k) = 15$$

풀이2 사실 위 풀이는 뒤에서 배울 '중복조합'을 활용하면

부등식 $x+y \leq 6$을 만족하는 자연수 x, y의 개수는 다음의 일대일대응을 이용하여 구할 수 있다.

부등식 $x+y \leq 6$의 해 (x, y) ⟺ 방정식 $x+y+z=6$의 해 (x, y, z)

이때, 추가된 변수 z는 음이 아닌 정수임을 주의하자. 그럼, 부등식 $x+y+z=6$의 해 중

$x, y \geq 1, z \geq 0$인 정수해의 개수는 ${}_3H_{6-2}=15$임을 알 수 있다.

답 15

문제1) 합의 법칙

서로 같은 종류의 주스 4병과 생수 4병이 있다. 이 주스와 생수를 같은 모양의 세 개의 봉지에 넣어 포장하려고 할 때, 다음 조건을 만족시키는 경우의 수를 구하여라. (단, 각 주스와 생수는 모두 같은 모양이다.)

(가) 각 봉지에 각각 적어도 1병 이상의 주스가 들어있다.

(나) 각 봉지에 각각 주스와 생수를 합하여 4병 이하로 들어있다.

예제2) 일반화된 합의 법칙

240의 약수이거나 540의 약수인 자연수의 개수를 구하여라.

풀이   240의 약수의 집합을 A, 540의 약수의 집합을 B라고 하자. 그럼 이 두 수를 소인수분해하면

$$240 = 2^4 \times 3 \times 5, \ 540 = 2^2 \times 3^3 \times 5$$

이므로 240의 약수의 개수 = $n(A) = (4+1) \times (1+1) \times (1+1) = 20$,

540의 약수의 개수 = $n(B) = (2+1) \times (3+1) \times (1+1) = 24$

이때, 두 사건 A, B가 동시에 일어나는 경우인 '240과 540의 공약수'의 개수를 구하면

'240과 540의 공약수'의 개수 = $n(A \cap B) = (2+1) \times (1+1) \times (1+1) = 12$

따라서 구하는 개수는 일반화된 합의 법칙을 이용하면

$$n(A) + n(B) - n(A \cap B) = 20 + 24 - 12 = 32.$$

덧) 자연수 $N = p_1^{r_1} \times p_2^{r_2} \times \cdots \times p_k^{r_k}$ (단, $p_1, p_2, \cdots, p_k$ 는 서로 다른 소수) 의 양의 약수의 개수는 $(r_1 + 1) \times \cdots \times (r_k + 1)$이다.

답 32

문제2) 일반화된 합의 법칙

100이하의 자연수 중에서 2 또는 5의 배수인 자연수의 개수를 구하여라.

추가TIP

$$\text{'A도 아니고 B도 아닌 경우의 수'} = n(A^c \cap B^c) = n(U) - n(A \cup B)$$

예제3) 일반화된 합의 법칙의 활용

100이하의 자연수 중에서 12와 서로소인 자연수의 개수를 구하여라.

풀이 $12 = 2^2 \times 3$이므로 12와 서로소인 수는 2의 배수도 아니고, 3의 배수도 아니다. 이때

2의 배수인 사건을 A, 3의 배수인 사건을 B라고 하면

(12와 서로소인 수의 집합) = (2의 배수도 아니고, 3의 배수도 아닌 수의 집합)

$$= A^c \cap B^c = (A \cup B)^c$$

따라서 구하는 경우의 수는

$$n(A^c \cap B^c) = n(U) - n(A \cup B) = n(U) - \{n(A) + n(B) - n(A \cap B)\}$$
$$= 100 - (50 + 33 - 16) = 33$$

답 33

문제3) 일반화된 합의 법칙의 활용

100이하의 자연수 중에서 15와 서로소인 자연수의 개수를 구하여라.

'합의 법칙'을 이용하여 경우의 수를 낱낱이 구하여 더하고자 할 때, 이를 체계적으로 구하기 위해서는 '수형도, 순서쌍'을 이용해서 구할 수 있다.

예제4) 합의 법칙

그림과 같이 놓여 있는 네 장의 카드를 섞어서 다시 배열할 때, 어느 숫자도 자기 위치에 다시 배열되지 않는 경우의 수를 구하여라.[2]

$$\boxed{1} \quad \boxed{2} \quad \boxed{3} \quad \boxed{4}$$

풀이 수형도를 이용하여 구하면 다음과 같다.

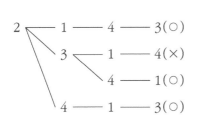 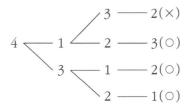

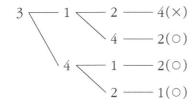

답 9

문제4) 합의 법칙

한 개의 주사위를 세 번 던져서 나오는 눈의 수를 차례로 a, b, c라 할 때, $a>b$이고, $a>c$인 경우의 수를 구하여라.

---

2) 서로 다른 n개를 배열할 때, 어떤 것도 자기 자리에 다시 놓이지 않을 경우의 수를 교란수 D_n라고 하는데 수형도를 그려 구할 수 있어. 구해보면 $D_1=0$, $D_2=1$, $D_3=2$, $D_4=9$인 걸 알 수 있어. 사실, 직접 수형도를 나열하여 구하지 않아도 되긴해. ^^;; 교란수는 뒤에 가서 자세히 다루게 되는데, '포함과 배제의 원리'라고 하는걸 배워야 교란수에 대한 일반항을 유도할 수 있어.

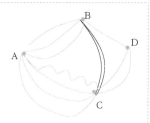

예제5) 곱의 법칙

그림과 같이 네 지점 A, B, C, D 사이가 다리로 연결되어 있다. 같은 지점은 많아야 한 번만 지나갈 수 있다고 할 때, A지점에서 D지점으로 가는 경우의 수를 구하여라.

풀이   지점 A에서 D로 가는 경우의 수는 곱의 법칙을 이용하면 아래와 같이 각각 구할 수 있다.

A→B→D의 경우 : $3 \times 1 = 3$

A→C→D의 경우 : $4 \times 2 = 8$

A→B→C→D의 경우 : $3 \times 2 \times 2 = 12$

A→C→B→D의 경우 : $4 \times 2 \times 1 = 8$

따라서 지점 A에서 D로 가는 경우의 수는 위 네 가지가 동시에 일어나지 않으므로 합의 법칙을 이용하면 $3 + 8 + 12 + 8 = 31$가지이다.

답 31

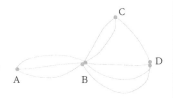

문제5) 곱의 법칙

그림과 같이 네 지점 A, B, C, D 사이가 다리로 연결되어 있다. 같은 지점은 많아야 한 번만 지나갈 수 있다고 할 때, A지점에서 D지점으로 가는 경우의 수를 구하여라.

예제6) 화폐 지불 문제

100원 짜리 동전 2개, 50원 짜리 1개, 10원 짜리 동전 4개를 사용하여 거스름돈 없이 지불하려고 한다. 주어진 돈으로 지불하는 방법의 가짓 수를 a, 지불하는 금액의 가짓 수를 b라 할 때, 두 상수 a, b의 값을 구하여라. (단, 0원을 지불하는 경우는 없다.)

풀이 100원짜리 동전 2개를 지불하는 방법은 0원, 100원 200원인 3가지, 마찬가지로 50원짜리 동전을 지불하는 방법은 2가지, 10원짜리 동전을 지불하는 방법은 5가지이므로 지불하는 방법의 가짓 수 $a = 3 \times 2 \times 5 - 1 = 29$(가지)이다.

또한, 각 지불하는 방법마다 지불하는 금액이 하나씩 대응되므로 $b = 29$(가지)이다.

답 29

문제6) 화폐 지불 문제

100원 짜리 동전 2개, 50원 짜리 3개, 10원 짜리 동전 4개를 사용하여 거스름돈 없이 지불하려고 한다. 주어진 돈으로 지불하는 방법의 가짓 수를 a, 지불하는 금액의 가짓 수를 b라 할 때, 두 상수 a, b의 값을 구하여라. (단, 0원을 지불하는 경우는 없다.)

추가TIP

구하는 사건 A의 경우의 수가 복잡하면 A가 일어나지 않는 경우 A^c(여사건)의 수를 구하여 다음 관계를 적용한다.

$$n(A) = n(U) - n(A^c)$$

예제7) 여사건의 경우의 수

그림과 같이 서로 다른 네 개의 섬이 있다. 세 개의 다리를 두 섬 사이에 놓아 네 개의 섬 모두를 연결하는 방법의 수를 구하여라. (단, 두 섬 사이에는 많아야 하나의 다리만 놓을 수 있다.)

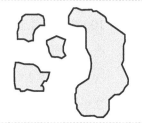

풀이1 놓을 수 있는 모든 다리의 수는 6개의 다리 중에서 3개를 골라내는 경우의 수에서 고른 세 개의 다리로 네 개의 섬이 연결되지 않는 경우의 수를 제외하면 된다. 즉,

$$\frac{6 \times 5 \times 4}{3 \times 2 \times 1} - 4 = 16$$

사실 이건 뒤에서 배우는 조합으로 $_6C_3 - 4 = 16$과 같이 표현된다.

풀이2 각 섬의 이름을 아래와 같이 A, B, C, D라 이름을 붙이고 각 섬을 점으로 생각하여 연결하였을 때, 연결된 상태는 다음 둘 중 하나가 된다.

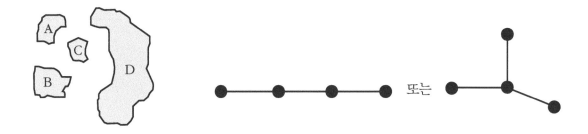

첫 번째 연결상태의 경우에 네 개의 섬 A, B, C, D를 배열하는 경우의 수는 네 섬을 순서대로 배열한 뒤, A-B-C-D와 D-C-B-A처럼 대칭이 되는 배열은 같은 것으로 보아야 하기 때문에 2로 나눈다. 두 번째 연결상태의 경우에 가운데 섬에 A, B, C, D 중 하나를 고르는 경우의 수가 4이고, 나머지를 배열하는 것은 한 가지 이다. 즉, $4 \times 3 \times 2 \times 1 \times \frac{1}{2} + 4 = 16$이다.

풀이3 A에서 나머지 세 개의 섬에 다리를 연결하는 방법은 1가지

A에서 두 개의 섬에 다리를 연결하는 방법은 3×2

A에서 한 개의 섬에 다리를 연결하는 방법은 3×3

$$\therefore \ 1 + 6 + 9 = 16(가지)$$

📄 16

예제8) 채색문제 (Coloring problem)

다음 그림과 같은 네 개의 영역 A, B, C, D에 빨간색, 주황색, 노란색, 초록색의 네 종류의 색을 써서 각 영역을 구분하려고 한다. 다음 물음에 답하시오.

(1) 같은 색은 몇 번 써도 좋으나 인접한 부분은 서로 다른 색을 칠하는 방법의 수를 구하여라.

(2) 반드시 4개의 색을 다 사용하여 색칠하는 경우의 수를 구하여라.

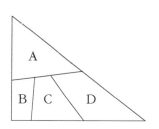

풀이 (1) 네 개의 영역을 네 개 이하의 색으로 칠하기 위해 영역 A→B→C→D순서로 색칠하면 인접한 영역의 색을 제외해야 하므로 순서대로 4, 3, 2, 2가 된다. 따라서 곱의 법칙을 이용하면 구하는 경우의 수는 $4 \times 3 \times 2 \times 2 = 48$이다.

(2) 구하는 경우의 수는

(4개 이하의 색으로 칠하는 경우의 수) – (3개의 색으로 칠하는 경우의 수)

이고, 3개의 색으로 칠하려면 두 영역 B, D가 같은 색인 경우이므로 A→B→C→D순서로 색칠하는 경우의 수는 4, 3, 2, 1이므로 구하는 경우의 수는

$$4 \times 3 \times 2 \times 2 - 4 \times 3 \times 2 \times 1 = 48 - 24 = 24$$

이다.

답 24

문제7) 채색문제

다음 그림과 같은 세 개의 영역에 빨간색, 주황색, 노란색, 초록색의 네 종류의 색을 써서 각 영역을 구분하려고 한다. 같은 색은 몇 번 써도 좋으나 인접한 부분은 서로 다른 색을 칠하는 방법의 수를 구하여라.

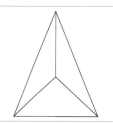

예제9) 채색문제

다음 그림과 같은 네 개의 영역 A, B, C, D에 빨간색, 주황색, 노란색, 초록색의 네 종류의 색을 써서 각 영역을 구분하려고 한다. 같은 색은 몇 번 써도 좋으나 인접한 부분은 서로 다른 색을 칠하는 방법의 수를 구하여라.

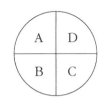

이 문제의 해설을 이용하여 그래프를 이용한 문제로 변환하고, 이를 일반화하려고 하니, 풀이를 잘 이해하길 바란다. 이 도형을 채색하는 경우의 수는 다음과 같이 구할 수 있다.

방법1 구하는 경우의 수는

(A, D의 인접성을 무시한 경우의 수) - (A, D를 같은 색으로 칠한 경우의 수)

로 구할 수 있다. A부터 시작하여 A, B, C, D 순서대로 칠한다면

$$\text{(A, D의 인접성을 무시한 경우의 수)} = 4 \times 3 \times 3 \times 3,$$

$$\text{(A, D를 같은 색으로 칠한 경우의 수)} = 4 \times 3 \times 2$$

이므로 구하는 경우의 수는 $4 \times 3^3 - 24 = 84$(가지)이다.

방법2 구하는 경우의 수는

(A, C를 다르게 칠한 경우의 수) + (A, C를 같은 색으로 칠한 경우의 수)

$$\text{(A, C를 다르게 칠한 경우의 수)} = 4 \times 3 \times 2 \times 2$$

$$\text{(A, C를 같은 색으로 칠한 경우의 수)} = 4 \times 3 \times 3$$

이므로 구하는 경우의 수는 $4 \times 3 \times 2^2 + 36 = 84$(가지)이다.

방법3 (i) 4가지 색을 이용하는 경우 $4 \times 3 \times 2 \times 1 = 24$

(ii) 3가지 색을 이용하는 경우 $2 \times 4 \times 3 \times 2 = 48$

(AC 또는 BD 중 한 세트가 같은 색이므로)

(iii) 2가지 색을 이용하는 경우 $4 \times 3 = 12$(AC와 BD 두 세트 모두 같은 색이므로)

따라서, (i), (ii), (iii)에서 $24 + 48 + 12 = 84$(가지)

방법4 4가지 색으로 n개의 면을 칠하는 방법의 수를 a_n이라 하면 $4 \times 3^n = a_n + a_{n+1}$, 따라서

$a_2 = 4 \times 3 = 12$, $a_3 = 24$이므로 $a_4 = 84$

(이 수열의 귀납적 정의 또한 뒤에서 일반화 되어 다시 등장한다.)

추가TIP

(1) 그래프(Graph)는 점 V(Vertex)과 선분 E(Edge)의 합집합이고 선분은 두 점을 연결한 선이다. 기호로 $G=(V, E)$로 **나타낸다.**

(2) **채색문제를 위해 채색 대상의 도형을 그래프로 변환하기**

: 채색 영역을 '점 V', 영역이 인접한 관계를 두 점을 연결한 '선분 E'으로 생각하면

주어진 영역을 채색하는 경우의 수는 그래프의 각 점을 서로 다른 색으로 칠하면서 선분으로 인접한 두 점은 다른 색으로 칠하는 경우의 수와 같다.

예를 들어 아래의 채색문제를 그래프로 바꾸어 해결해보자.

네 개의 영역   그래프 G로 변신!

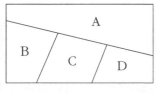 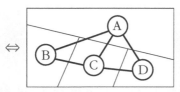 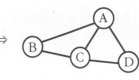

이때, 4종류의 색으로 그래프 G를 색칠하는 경우의 수는 네 개의 점 A, B, C, D를 순서대로 색칠을 하면 $4 \times 3 \times 2 \times 2 = 48$가지 이다. 만약에 주어진 색이 x종류이면 이 그래프 G를 x개 이하의 색으로 칠하는 경우의 수는 x에 관한 다항식이 되고 이는 $x(x-1)(x-2)^2$이다.

이처럼, **그래프 G의 꼭짓점을 x개 이하의 색으로 칠하는 경우의 수**를 그래프 G의 **채색다항식**이라고 하며, 기호로 $p(G, x)$로 나타내며, 지금 주어진 그래프의 경우에는

$$p(G, x) = x(x-1)(x-2)^2$$

이다.

(3) **채색다항식(Chromatic polynomial)**

: 그래프 G의 꼭짓점을 x개 이하의 색으로 채색하는 경우의 수$= p(G, x)$

(4) **대표적인 그래프의 채색 다항식**

① 그래프 G가 수형도(tree) T_n인 경우

✔ 수형도란 '회로'를 갖지 않는 연결된 그래프를 의미하며, n개의 점을 갖는 수형도를 기호로 T_n으로 나타낸다. 수형도는 이름에서 알 수 있듯이 나뭇가지 모양으로 생긴 그래프이며 예시는 아래와 같다.

 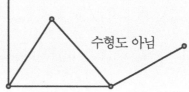

이때 $p(T_n, x) = x(x-1)^{n-1}$이다.

추가TIP

② 그래프 G가 완전그래프(K_n)인 경우

✔ 완전그래프란 각 꼭짓점이 나머지 모든 점들과 연결이 된 그래프이고 완전그래프를 K_n으로 나타내며, 예시는 아래와 같다.

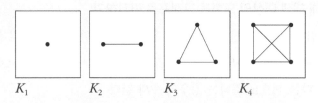

$$K_1 \qquad K_2 \qquad K_3 \qquad K_4$$

이때 $p(K_n, x) = x(x-1)(x-2) \cdots (x-n+1)$이다.

③ 그래프 G가 싸이클(C_n)인 경우

✔ 다음의 방법을 이용한다.

앞의 연습문제의 채색문제처럼 그래프가 싸이클 C_n처럼 수형도나 완전그래프가 아니면 그래프의 채색수를 구하는 것은 앞의 풀이에서 보았듯이 경우의 수를 나누어 구해야 하므로 점의 개수가 많아질수록 경우의 수를 구하기 쉽지 않다. 이런 경우 채색문제를 그래프를 이용하여 채색다항식을 구하는 문제로 바꾸고 완전그래프나 수형도처럼 채색다항식을 구하기 쉬운 그래프로 문제를 바꾸어 해결할 수 있다. 앞에서 풀어본 연습문제를 활용하여 그 방법을 두 가지로 알아보자.[3]

예제9) 채색문제

다음 그림과 같은 네 개의 영역 A, B, C, D에 빨간색, 주황색, 노란색, 초록색의 네 종류의 색을 써서 각 영역을 구분하려고 한다. 같은 색은 몇 번 써도 좋으나 인접한 부분은 서로 다른 색을 칠하는 방법의 수를 구하여라.

주어진 문제를 그래프로 전환하면 아래 그림과 같다.

네 개의 영역 $\Leftrightarrow$ 그래프 G로 변신!

---

3) Reference : Rebert A. Wilson, **Graphs, colourings and the Four-colour Theorem**, Oxford Science publications

앞의 풀이를 다시 떠올려보면

$p(G, x) =$ (A, D의 인접성을 무시한 그래프의 채색 수) $-$ (두 점 A$=$D인 그래프의 채색 수)

이고, 이는 그래프를 이용하여 아래와 같이 표현할 수 있다.

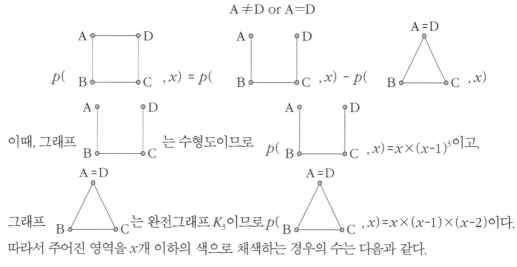

이때, 그래프 [그림]는 수형도이므로 $p($ [그림] $, x) = x \times (x-1)^3$이고,

그래프 [그림]는 완전그래프 K_3이므로 $p($ [그림] $, x) = x \times (x-1) \times (x-2)$이다.

따라서 주어진 영역을 x개 이하의 색으로 채색하는 경우의 수는 다음과 같다.

$$x(x-1)^3 - x(x-1)(x-2) = x(x-1)(x^2-3x+3)$$

이 식에 $x=4$를 대입하면 원래 문제의 답이 나온다.

답 84

원래 풀이의 (방법2)를 떠올려보면 두 점 A, C의 색이 같은지 다른지로 고려했었다. 이를 그래프로 바꾸어보면

$$p(G, x) = \text{(A, C의 색이 다른 그래프의 채색 수)} + \text{(두 점 A} = \text{C인 그래프의 채색 수)}$$

이고, 이는 그래프를 이용하여 아래와 같이 표현할 수 있다.

이때, $p($ B [그림] C $, x) = x(x-1)(x-2)^2$이고, $p($ B [그림] $, x) = x(x-1)^2$이므로

따라서 주어진 영역을 x개 이하의 색으로 채색하는 경우의 수는 다음과 같다.

$$p(G, x) = x(x-1)(x-2)^2 + x(x-1)^2 = x(x-1)(x^2-3x+3)$$

이 식에 $x=4$를 대입하면 원래 문제의 답이 나오며 위 (방법1)과 같은 결과이다.

Warning) 그래프 G의 채색다항식의 수 $p(G, x)$는 x개 이하의 색으로 채색하는 경우의 수이다.

따라서 만약 x개의 색을 모두 사용하여 칠해야 하는 경우의 수는 다음과 같이 구해야 한다.

$$p(G, x) - p(G, x-1)$$

채색문제를 해결한 (방법1)과 (방법2)를 일반화하면 다음을 얻을 수 있다.

추가TIP

$n(n \geq 3)$개의 점으로 구성된 싸이클 C_n을 k개 이하의 색으로 칠하는 경우의 수

방법1

$a_n = (C_n$을 k개 이하의 색으로 채색하는 경우의 수) 라고 두면, 다음을 얻는다.

$$a_n = k(k-1)^{n-1} - a_{n-1},$$

$$a_{n-1} = k(k-1)^{n-2} - a_{n-2}, \cdots, a_3 = k(k-1)(k-2)$$

즉, $a_n = k(k-1)^{n-1} - k(k-1)^{n-2} + \cdots + (-1)^{n-3}k(k-1)(k-2)$

$$= k(k-1)\{(k-1)^{n-2} - (k-1)^{n-3} + \cdots + (-1)^{n-3}(k-2)\}$$

따라서 $a_n = (k-1)^n + (-1)^n(k-1)$이다.

방법2

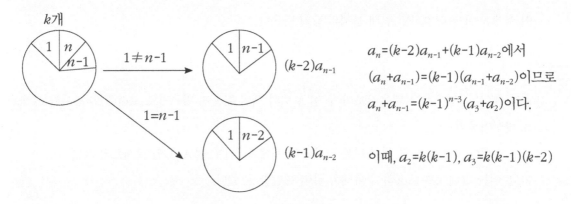

$a_n = (k-2)a_{n-1} + (k-1)a_{n-2}$에서
$(a_n + a_{n-1}) = (k-1)(a_{n-1} + a_{n-2})$이므로
$a_n + a_{n-1} = (k-1)^{n-3}(a_3 + a_2)$이다.

이때, $a_2 = k(k-1)$, $a_3 = k(k-1)(k-2)$

✓ '수열의 귀납적 정의'로부터 일반항 a_n을 구하는 과정은 2쪽 뒤에 정리된 내용을 참고하길 바란다.

예제10) 채색문제

다음 그림과 같이 6개의 면으로 나누어져 있는 팔각형의 각 면을 빨강, 노랑, 파랑의 세 가지 색을 모두 칠하여 구분하는 방법의 수를 구하여라.

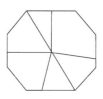

✔ 다양한 풀이가 존재한다. 다만, 앞에서 배운 그래프를 이용한 풀이로 해결해보자.

풀이 n개의 영역을 3개 이하의 색으로 채색하는 경우의 수를 a_n이라고 하자. 그럼,

$a_n+a_{n+1}=3 \times 2^n=2^n+2^{n+1}$, $a_{n+1}-2^{n+1}=-(a_n-2^n)$

$b_n=a_n-2^n$이라 하면, $b_2=a_2-2^2=6-4=2$

따라서, $b_n=2 \times (-1)^n$이고 $a_n=2 \times (-1)^n+2^n$이다. 따라서 $a_6=66$. 또한,

2개의 색으로 칠하는 경우의 수는 2가지이고, 빨강, 노랑, 파랑 세 가지 색에서 2개 색을 택하는 경우의 수는 3가지 이므로 2개의 색으로 채색하는 경우의 수는 6가지. 따라서 세 가지 색을 모두 칠하여 구분하는 경우의 수는 $66-6=60$(가지)이다.

답 60

3가지 이하의 색으로 채색하는 방법은 66가지이다.

'수열의 귀납적 정의'로부터 일반항을 구할 수 있다면, 구조가 반복되는 사건의 경우의 수를 구할 때에도 '수열의 귀납적 정의'로 경우의 수를 수열 a_n으로 나타내어 구하는 경우의 수를 쉽게 구할 수 있다.

추가TIP

수열의 귀납적 정의와 일반항

다음의 주어진 각 귀납적 조건을 만족하는 수열의 일반항을 아래와 같이 구할 수 있다.

(1) $a_1=a$, $a_{n+1}=d+a_n$이면 $a_n=a+(n-1)d$ (등차수열)

(2) $a_1=a$, $a_{n+1}=r \times a_n$, 이면 $a_n=ar^{n-1}$ (등비수열)

(3) 자연수 n에 관한 함수 $f(n)$에 대하여
$$a_1=a, \quad a_{n+1}=f(n)+a_n \text{이면 } a_n=a+\sum_{k=1}^{n-1}f(k)$$

(4) 자연수 n에 관한 함수 $f(n)$에 대하여
$$a_1=a, \quad a_{n+1}=f(n)a_n \text{이면 } a_n=f(n-1)f(n-2)\cdots f(1) \times a$$

(5) 두 상수 $p, q(p \neq 0, 1)$에 대해
$$a_{n+1}=pa_n+q(n=1, 2, 3, \cdots) \text{이면 } a_n-\alpha=(a_1-\alpha)p^{n-1} \ (n=2, 3, 4, \cdots)$$
(단, 상수 α는 방정식 $x=px+q$의 근)

(6) 세 상수 $p, q, r(p \neq 0, p+q+r=0)$에 대해
$$a_1=a, \quad a_2=b, \quad pa_{n+2}+qa_{n+1}+ra_n=0(n=1, 2, 3, \cdots)$$
① $p=r$이면 $a_n=a+(n-1)(b-a)$ $(n=1, 2, 3, \cdots)$

② $p \neq r$이면 $a_n=a+(b-a)\dfrac{1-\left(\dfrac{r}{p}\right)^{n-1}}{1-\dfrac{r}{p}}$ $(n=1, 2, 3, \cdots)$

(7) 세 상수 $p, q, r \ (p \neq 0, p+q+r \neq 0)$에 대해
$$a_1=a, \quad a_2=b, \quad pa_{n+2}+qa_{n+2}+ra_n=0(n=1, 2, 3, \cdots)$$
이차방정식 $px^2+qx+r=0$의 두 근을 α, β라고 할 때,
① $\alpha \neq \beta$이면 $a_n=A\alpha^n+B\beta^n$

② $\alpha=\beta$이면 $a_n=A\alpha^n+B \cdot n \cdot x^n$ (단, A, B는 상수)

예제11) 수열의 귀납적 정의

n개의 계단을 오르는데 한 번에 한 칸, 또는 두 칸씩 오를 때, 7개의 계단을 오르는 경우의 수를 구하여라.

풀이 n개의 계단을 오르는 경우의 수를 a_n이라고 하자. 그럼,

(n개의 계단을 오르는 경우의 수)

=(그 전에 1칸 오른 경우의 수)+(그 전에 2칸을 오른 경우의 수)

즉, $a_n=a_{n-1}+a_{n-2}$이다. 이때, $a_1=1$, $a_2=2$이므로 관계식 $a_n=a_{n-1}+a_{n-2}$에 대입하면

임을 알 수 있다.

또는 앞에서 수열의 귀납적 정의 '$a_1=1$, $a_2=2$, $a_n=a_{n-1}+a_{n-2}$'에서 일반항을 구하여 $n=7$을 대입하여 $a_7=21$을 알 수도 있다.

답 21

문제8) 수열의 귀납적 정의

그림과 같이 한 변의 길이가 1인 정사각형 12개를 이용하여 가로와 세로의 길이가 각각 6, 2인 직사각형을 만들었다. 이 직사각형을 두 변의 길이가 각각 1, 2인 직사각형 6개로 채우는 경우의 수를 구하여라.

경우의 수의 '세 가지 법칙'

1. 1, 2, 3의 숫자가 하나씩 적혀 있는 세 장의 카드가 들어 있는 주머니에서 한 장을 뽑고 다시 넣는 시행을 3번 반복할 때, 나온 수를 차례로 l, m, n이라 한다. $i^{l+m+n} = -i$가 되는 경우의 수를 구하여라. (단, $i = \sqrt{-1}$)

2. 120명의 학생 중에서 수학을 좋아하는 학생은 82명, 물리를 좋아하는 학생은 43명이다. 수학, 물리를 모두 좋아하는 학생의 수를 m이라고 할 때, m의 최댓값과 최솟값을 구하여라.

3. 그림과 같이 두 상자 A, B에는 각각 4장의 카드가 들어 있다. 주사위 한 개를 던져 6의 약수가 나오면 상자 A를 택하고, 6의 약수가 아닌 수가 나오면 상자 B를 택하여 각각의 상자에서 카드를 한 개씩 뽑는다고 할 때, 나온 카드가 홀수인 경우의 수는?

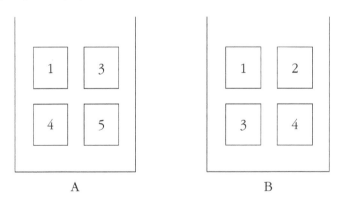

4. 그림과 같은 도로망의 각 교차점에 8개의 지점 A, B, …, H가 있다. 점 A에서 점 B로 가는 경우의 수를 구하여라.(단, 같은 지점은 많아야 한 번만 통과할 수 있다.)

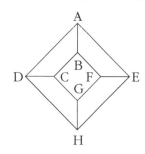

5. 6개의 숫자 2, 3, 3, 4, 7, 7 중 일부 또는 전부를 택하여 곱하였을 때, 만들어질 수 있는 서로 다른 수의 개수를 구하여라.

6. 길동이는 보물이 숨어 있는 원 모양의 땅을 서로 다른 10개의 직선으로 분할하고 각 땅을 친구들에게 할당하여 보물을 찾으려고 한다. 각 사람이 같은 시간 동안 탐색할 수 있는 땅의 넓이가 똑같다고 할 때, 최소한의 시간으로 보물을 찾기 위해 필요한 인원을 구하여라. (단, 각 땅은 한 명에게만 할당하고, 길동이의 친구는 무한히 많다.)

7. 세 사람 A, B, C가 오른쪽 그림 모양의 땅에서 다음의 규칙에 따라 땅따먹기 게임을 하려고 한다.

> (가) 땅은 원을 n등분하여 1번부터 n번까지 반시계 방향으로 이름을
>   붙이고, 1번과 n번은 이웃한 땅으로 생각한다.
> (나) 한 땅을 차지한 사람은 양옆의 땅을 차지하지 못한다.
> (다) 땅을 하나도 차지하지 못한 사람이 있어도 된다.

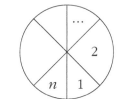

n등분된 땅을 세 사람이 나누어가지는 경우의 수를 a_n이라고 할 때, a_6의 값을 구하여라. (단, n은 4이상의 자연수)

8. 정30각형 $P_1P_2 \cdots P_{30}$이 둘레의 길이가 30인 원에 내접한다. 30개의 점 $P_1, P_2, \cdots P_{30}$에서 10개의 점을 골랐을 때, 모든 호의 길이가 3이 되지 않고 10도 되지 않도록 하는 경우의 수를 구하여라. (즉, P_i와 P_{i+3}을 동시에 고를 수 없고 P_i와 P_{i+10}을 동시에 고를 수 없다.)

9. 학생 n명 모두가 각각 두 장의 쿠폰을 가지고 있다. 이 학생들의 쿠폰을 모아 총 r장을 만드는 경우의 수를 $_nB_r$라고 할 때, 다음 물음에 답하여라. (단, n, r는 음이 아닌 정수이고 $_0B_0=1$이다.)
(두 장의 쿠폰은 구분되지 않는다)
(1) $_nB_2$를 n의 식으로 나타내시오. (단, $n \geq 1$)
(2) $_nB_r=\,_nB_{2n-r}$임을 보이시오. (단, $0 \leq r \leq 2n$)
(3) $_nB_n$은 홀수임을 보이시오.

순열

앞에서는 우리가 어떤 사건의 경우의 수를 구하기 위한 기본 법칙 세 가지(합의 법칙, 곱의 법칙, 단위화)를 배웠는데 이걸 이용해서 특정한 사건의 경우의 수를 공식화한 것이 순열, 조합 등등 인거야. 지금부터 곱의 법칙을 이용해서 '서로 다른 n개를 일직선으로 나열하는 경우의 수'를 공식으로 만들고 이를 활용해서 문제를 열심히 풀어보자!

생각열기

(1) 순열(Permutation)과 순열의 수

예 다섯 명의 사람 A, B, C, D, E 중에서 세 명만 순서 있게 일렬로 배열하는 경우는 아래와 같이

$$ABC, ACB, ABD, ADB, \cdots, CDE$$

이다. 이를 서로 다른 다섯 개에서 3개의 순열이라 한다. 이때, 이 모든 경우의 수는 아래와 같이

1번   2번   3번

1번 자리에 앉을 사람을 고르는 경우의 수 5가지, 2번 자리에 앉을 사람을 고르는 경우의 수 4가지, 3번 자리에 앉을 사람을 고르는 경우의 수 3가지이고 곱의 법칙을 이용하면 $5 \times 4 \times 3$으로 구할 수 있다. 이를 일반화 하면

서로 다른 n개 중에서 r개를 순서있게 일렬로 나열하는 경우의 수는

$$n(n-1)(n-2)\cdots\{n-(r-1)\} \ (*)$$

이고 이를 기호 $_nP_r$로 나타낸다. 즉, $_nP_r = n(n-1)(n-2)\cdots\{n-(r-1)\}$. 이때, $0 < r \leq n$임을 확인하자.

(2) 순열의 수 $_nP_r$의 성질

이제 위 식(*)에서

1) $r = n$이면 $_nP_n = n(n-1)(n-2) \times \cdots \times 2 \times 1 = n!$

이때, $n!$을 n-factorial로 읽고 한글로는 n계승[4] 이라고 읽는다.

2) $_nP_r$을 $n!$을 이용하여 나타낼 수 있다.

$$_nP_r = n(n-1)(n-2)\cdots(n-r+1) = \frac{n(n-1)(n-2)\cdots(n-r+1) \times (n-r)!}{(n-r)!}$$
$$= \frac{n!}{(n-r)!}$$

(단, $0 < r \leq n$)

3) 위 2)에서 얻은 아래의 식

$$(n-r)!\,_nP_r=n! \quad (단, 0 < r \leq n)$$

에서 다음을 구할 수 있어.

① $r=n$대입하면 $(n-n)!\,_nP_n=n! \Rightarrow 0! \times n!=n! \Rightarrow 0!=1$

② $r=0$대입하면 $(n-0)!\,_nP_0=n! \Rightarrow n! \times _nP_0=n! \Rightarrow _nP_0=1$

즉, 조합론적으로 생각했을 때, $0 < r$이지만, 대수적으로 $r=0$까지 기존의 $_nP_r$의 정의에 맞게 잘 확장할 수 있다는 것! 이를 정리하면 아래와 같아.

1. 경우의 수를 구하는 세 가지 법칙

(1) 순열(Permutation)

: 서로 다른 n개 중에서 r개를 택하여 한 줄로 배열하는 것

(2) 순열의 수

: 서로 다른 n개 중에서 r개를 택하는 순열의 수는

$$_nP_r=\underbrace{n(n-1)(n-2)\cdots(n-r+1)}_{(r)개} \quad (단, 0 \leq r \leq n)$$

(3) $_nP_r=\dfrac{n!}{(n-r)!}$

(4) $_nP_n=n!$, $0!=1$, $_nP_0=1$

예 한 반에 30명이 정원인 학급에서 반장, 부반장, 총무를 각각 한 명씩 뽑는 경우의 수는 $_{30}P_3=30 \times 29 \times 28$이다.

---

4) TMI) $n!$은 얼마나 빨리 증가할까? 에 대한 물음은 미적분에서 배운 극한식 $\lim\limits_{n \to \infty}\dfrac{x^n}{n!}=0$에서 엿볼 수 있다. 아무리 큰 실수 x를 택해도 기하급수적으로 증가하는 x^n보다 $n!$이 훨씬 빠르게 증가한다는 것을 의미한다. 이는 추후에 미적분에서 배우게 될 급수의 비판정법 등에서도 자주 사용되는 극한이다.

경우의 수를 구하는 세 가지 법칙(합의 법칙, 곱의 법칙, 단위화)을 배웠는데, 경우의 수를 구하는 두 가지 접근법도 알고 있어야 해. 바로 경우의 수를 '조합론적인 방법으로 구할 것인지, 대수적인 식의 계산'으로 구할 것인지 말이야.

추가TIP

조합론적으로 생각하기 vs 대수적으로 계산하여 구하기

(1) 대수적으로 경우의 수를 구하기

: 관계식 $_nP_r = \dfrac{n!}{(n-r)!}$ 가 성립함을 대수적인 방법으로 구한다는 것은 아래와 같다. 즉,

$_nP_r = n(n-1)(n-2)\cdots(n-r+1)$의 분자 분모에 $(n-r)!$을 곱하면

$$= \frac{n(n-1)(n-2)\cdots(n-r+1)\times(n-r)!}{(n-r)!} = \frac{n!}{(n-r)!}$$

(2) 조합론적으로 생각하기

: 순열의 수 $_nP_r$는 서로 다른 n개의 대상 $a_1, a_2, \cdots, a_n$에서 뽑은 r개를 일직선으로 나열된 $1, 2, \cdots, r$번의 자리에 순서 있게 배열하는 수이다. 이는 바꿔말하면

n개의 대상 $a_1, a_2, \cdots, a_n$를 모두 $1, 2, \cdots, n$번의 자리에 나열한 다음, 사실상 무시해야 할 $(r+1)$번부터 n번까지에 나열된 $(n-r)$개의 순열를 무시해야 한다. 이는 $(n-r)$개의 순열의 수인 $(n-r)!$로 단위화를 해야 됨을 의미한다. 보통 영재고 학생들은 이 설명을 10초 안에 이해를 하지만, 자세한 설명을 위해 예를 들어보자.

서로 다른 다섯 개의 대상 a, b, c, d, e에서 세 개를 순서있게 나열하는 경우의 수인 $_5P_3$에서 abc는 한 가지로 경우의 수가 인식이 되지만, 1번부터 5번까지 자리에 모두 나열한 경우에는 $abcde$, $abced$를 두 가지로 생각한다. 이 두 경우 $abcde$, $abced$가 abc로 대응되려면 4번 5번에 있는 d, e가 순서있게 배열되는 경우의 수를 무시(=단위화)해야 하므로 2!로 나누어 주어야 한다.

즉, $_5P_3 = \dfrac{5!}{2!} = 60$ (5개에서 3개만 순서있게 배열하는 경우의 수는 전체 5개의 순열에서 무시해야할 나머지 $5-3=2$개의 순열의 수로 단위화 해주는 것)

예제1) 순열의 수

다음 등식이 성립함을 증명하여라.

(1) $_nP_r = n \times {_{n-1}P_{r-1}}$ (2) $_nP_r = {_{n-1}P_r} + r \times {_{n-1}P_{r-1}}$

풀이

(1) 대수적인 방법 : (우변)$= n \times {_{n-1}P_{r-1}} = n \times \dfrac{(n-1)!}{(n-r)!} = \dfrac{n!}{(n-r)!} = {_nP_r} =$ (좌변)

조합론적인 방법 : 서로 다른 n개 $a_1, a_2, \cdots, a_n$에서 r개의 순열의 수 $_nP_r$을 생각하는 것은 1, 2, $\cdots$, r번의 자리에서 특정한 r번째 자리에 한 개를 먼저 배치하고(이 경우의 수가 n) 남은 $n-1$개의 대상을 남은 $(r-1)$개의 자리에 순서있게 배열하는 경우의 수(이 경우의 수가 $_{n-1}P_{r-1}$)와 같다. 두 사건이 동시에 일어나야 하므로 $_nP_r = n \times {_{n-1}P_{r-1}}$이다.

(2) 대수적인 방법 : (우변)$= {_{n-1}P_r} + r \times {_{n-1}P_{r-1}}$

$$= \dfrac{(n-1)!}{(n-1-r)!} + r\,\dfrac{(n-1)!}{(n-r)!} = \dfrac{(n-1)!}{(n-r-1)!}\left(1+\dfrac{r}{n-r}\right) = \dfrac{n!}{(n-r)!} = \text{(좌변)}$$

조합론적인 방법 : 서로 다른 n개 $a_1, a_2, \cdots, a_n$에서 r개의 순열의 수 $_nP_r$을 생각하는 것은

$_nP_r =$ (특정한 a_n을 포함하지 않는 순열의 수)$+$(특정한 a_n을 포함하는 순열의 수)

이때, (특정한 a_n을 포함하지 않는 순열)은 a_n을 제외한 나머지 $(n-1)$개를 r개의 자리에 순서있게 나열하는 경우의 수이므로 $_{n-1}P_r$이고, (특정한 a_n을 포함하는 순열)의 수는 특정한 a_n을 1, 2, $\cdots$, r번의 자리 중 하나에 먼저 배열을 하고(이 경우의 수가 r), 남은 $(r-1)$개의 자리에 남은 $(n-1)$개를 순서 있게 나열하는 경우의 수($_{n-1}P_{r-1}$)이다. 따라서 다음을 얻는다.

$$_nP_r = {_{n-1}P_r} + r \times {_{n-1}P_{r-1}}$$

📄 풀이참조

문제1) 순열의 수

$0 < r \le n$일 때, $_nP_r = (n-r+1){_nP_{r-1}}$이 성립함을 증명하여라.

예제2) 순열의 수

0, 1, 2, 3, 4, 5가 하나씩 적힌 여섯 장의 카드를 이용하여 만들 수 있는 서로 다른 네 자리 정수의 개수를 구하여라.

풀이1 구하는 경우의 수는 다음과 같다.

(여섯 장의 카드 중 네 개의 순열의 수) - (천의 자리에 0이 오는 경우)

$= {}_6P_4 - {}_5P_3 = 300$

풀이2 천의 자리에는 1부터 5까지만 올 수 있고, 나머지 카드로 세 자리의 순열을 생각하면 되므로 구하는 경우의 수는 $5 \times {}_5P_3 = 300$

답 300

문제2) 순열의 수

오른쪽 그림과 같이 여섯 칸으로 나누어진 직사각형의 각 칸에 6개의 수 1, 2, 4, 6, 8, 9를 한 개씩 써 넣으려고 한다. 각 가로줄에 있는 세 수의 합이 서로 같은 경우의 수를 구하여라.

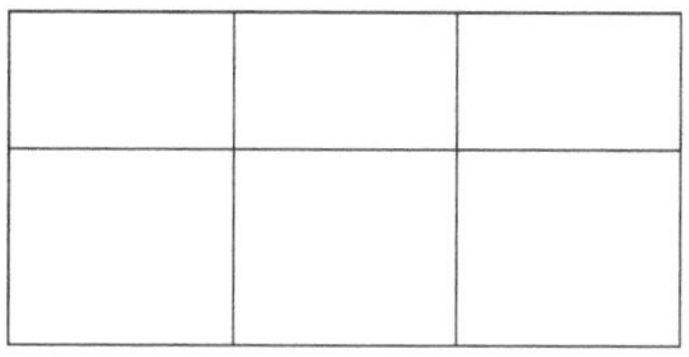

추가TIP

특정 조건을 포함한 순열

(1) **'이웃하게'** 나열하는 순열

⇨ (이웃해야 되는 대상을 한 묶음으로 생각한 전체 순열)×(묶음 내에서 순열)

(2) **'이웃하지 않게'** 나열하는 순열

⇨ 이웃하지 않아야 할 대상을 제외한 나머지(▮로 표시)를 칸막이처럼 먼저 배열한 후, 그 칸막이 (▮로 표시) 사이 사이에 이웃하지 말아야 할 대상을 배열한다.

(3) **'적어도 A를 만족'**하는 경우의 수

⇨ (전체 경우의 수) − (사건 A를 만족하지 않는 경우의 수)

(4) **'적어도 A나 B를 만족'**하는 경우의 수

⇨ ① $n(A \cup B) = n(A$이거나 $B) = n($적어도 A나 B를 만족$)$

② (전체 경우의 수) − (A도 B도 만족하지 않는 경우의 수) $= n(S) - n(A^C \cap B^C)$

예제3) 순열의 수

a, b, c, d, e의 다섯 개의 문자를 다음의 조건에 따라 일렬로 배열하는 경우의 수를 구하시오.

(1) 모음이 이웃하도록 배열하는 경우의 수

(2) 모음이 이웃하지 않게 배열하는 경우의 수

(3) 양 끝에 모음이 오도록 배열하는 경우의 수

(4) 양 끝에 적어도 하나의 자음이 오도록 배열하는 경우의 수

[풀이] (1) 모음을 한 묶음 (ae)로 생각하면 (ae),b,c,d의 순열을 먼저 생각한 뒤, 묶음 내의 두 문자 a와 e의 순열을 생각한다. 즉, 4!×2!=48이다.

(2) (방법1) (전체 5개 문자의 순열)−((1)의 경우의 수)=5!−4!×2!=4!×3=72(가지)

(방법2) 자음 먼저 배열한 뒤, 그 사이에 모음을 배열한다. 즉, b, c, d의 순열은 3!이고

① b ② c ③ d ④

위 ①~④자리에 a와 e를 배열하면 되므로 $_4P_2$이다. 따라서 3!×$_4P_2$=72(가지)이다.

(3) 양 끝에 모음이 오는 경우는 [모음]_ _ _[모음]과 같이 양 끝 두 자리에 a와 e를 배열하고 가운데 3개의 자리에 b, c, d를 배열하므로 2!×3!=12(가지)이다.

(4) '적어도'라는 키워드를 이용하면 다음과 같이 경우의 수를 구할 수 있다.

(전체 경우의 수)-(양 끝에 모두 모음이 오는 경우의 수)

=5!-3!×2!=108(가지)이다.

📋 (1) 4!×2!=48   (2) 3!×₄P₂=72   (3) 3!×2!=12   (4) 5!-3!×2!=108

문제3) 순열의 수

이틀 동안 진행하는 어느 축제에 모두 다섯 개의 팀이 참가하여 공연한다. 매일 두 팀 이상이 공연하도록 다섯 팀의 공연 날짜와 공연 순서를 정하는 경우의 수는? (단, 공연은 한 팀씩 하고 축제 기간 중 각 팀은 1회만 공연한다.) [2018 대수능 6월 13번]

문제4) 순열의 수

고구마피자, 새우피자, 불고기피자, 치즈피자, 감자피자 중에서 총 세 종류를 골라 하루에 한 판씩 3일 동안 먹으려고 한다. 고구마피자, 새우피자 중 **적어도** 하나를 포함하여 3일 동안 먹는 경우의 수는?

예제4) 순열의 수

한 개의 주사위를 3번 던질 때, 나오는 눈의 수를 차례대로 a, b, c라고 할 때, $(a-b)(b-c) \neq 0$인 경우의 수를 구하시오. [2018대수능 11월 28번 변형]

풀이1 $(a-b)(b-c)=0$인 사건을 A라고 하면, 즉, A=$\{(a, b, c) | (a-b)(b-c)=0\}$라 두고, 전체 경우의 집합을 U라고 할 때, 구하는 경우의 수는 $n(U)-n(A)$이다.

이때, $a=b$인 사건을 B, $b=c$인 사건을 C라고 두면 $A=B \cup C$이므로

$n(A)=n(B)+n(C)-n(B \cap C)=6^2 \times 2-6=66$이다. 따라서 구하는 경우의 수는

$n(U)-n(A)=6^3-66=150$(가지)이다.

풀이2 구하는 경우의 수는 $(a-b \neq 0$이고 $b-c \neq 0)$인 사건이 경우의 수이다.

따라서 $(a \neq b$인 경우의 수$) \times (b \neq c$인 경우의 수$)$

$=6 \times 5 \times 5=150$(가지)이다.

답 150

문제5) 순열의 수

다섯 개의 문자 a, b, c, d, e를 모두 써서 사전식으로 나열할 때, 21번째 있는 문자를 구하시오.

여러 가지 순열(중복순열)

앞에서 구한 순열은 서로 다른 대상에서 딱! 한 번만 선택하여 나열할 수 있었는데, 이번에는 주어진 서로 다른 대상에서 중복하여 선택하여 나열하는 '중복순열'에 대해서 알아볼거야.

생각열기

(1) 중복순열

예 a, b에서 중복허용하여 3개를 순서대로 나열하는 경우의 수를 구해보자.

$$aaa, aab, aba, baa$$
$$bba, bab, abb, bbb$$

⇨ 경우의 수는 8가지인데, 직접 나열하지 않고도 아래의 방법으로 구할 수 있어.

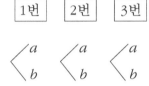

| 1번 | 2번 | 3번 |

1번, 2번, 3번의 각 자리에 올 수 있는 문자가 a, b로 2가지이고 전체 세트가 완료가 되어야 하므로 곱의 법칙을 쓰면 구하는 경우의 수는 $2 \times 2 \times 2 = 2^3$이고, 기호로 $2^3 = {_2}\Pi_3$ 이렇게 써.

★ 그리고, 중복을 허용하다보니, 문자는 2개밖에 없지만 3자리 순열을 만들 수 있다는 사실

(2) 서로 다른 n개$(a_1, a_2, \cdots, a_n)$에서 중복허용하여 r개를 순서대로 나열하는 경우의 수

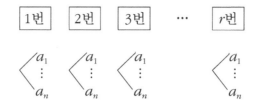

1번, 2번, 3번, $\cdots$, r번의 각 자리에 올 수 있는 문자가 a_1, $\cdots$, a_n로 n가지이고 전체 세트가 완료가 되어야 하므로 곱의 법칙을 쓰면 구하는 경우의 수는

$n \times n \times \cdots \times n = n^r$이고, 기호로 $n^r = {}_n\Pi_r$이렇게 써.

★ 그리고, 중복을 허용하다보니, $n < r$일 수도 있어!

1. 중복순열의 수

(1) 중복순열
$\Rightarrow$ 서로 다른 n개에서 중복을 허용하여 r개를 택한 뒤, 순서대로 나열하는 것

(2) 중복순열의 수[5]
$\Rightarrow n^r = {}_n\Pi_r \, (n < r$ 일수도 있다.$)$

예 1부터 5까지의 자연수를 중복 사용하여 만들 수 있는 네 자리 자연수는 ${}_5\Pi_4 = 5^4$가지가 있다.

예 짜장면과 짬뽕 중 원하는 메뉴를 골라 5일 동안 먹는 경우의 수는 ${}_2\Pi_5 = 2^5$가지가 있다.(단, 먹었던 메뉴를 다음 날 또 먹을 수 있다.)

참고) 순열의 수를 나타내는 기호 ${}_n$P${}_r$와 관련된 성질이 많았던 반면, 기호 ${}_n\Pi_r$과 관련된 성질은 거의 없다고 보면 된다. 그래서 정의만 정확하게 알고 어떤 유형의 문제에 적용할 수 있는지 알아보자!

---

[5] 중복순열의 수를 나타내는 기호 Π는 '곱한다'는 영어 단어 Product의 첫 글자 P에 대응하는 그리스 대문자이다. 우리가 이미 알고 있듯이 π(pi)는 p에 대응하는 그리스 소문자이다. 영재고에서 영어로 시험문제를 내야하는 미적분학 과목이 있었는데, 한 학생이 product를 곱하기로 해석을 안하고 '생산해낸다?'로 해석을 해서 문제를 어려워했다는 헤프닝도 있었다.

예제1) 중복순열의 수

숫자 1, 2, 3, 4, 5 중에서 중복을 허락하여 네 개를 택해 일렬로 나열하여 만든 네 자리의 자연수가 5의 배수인 경우의 수는?

풀이　5의 배수가 되기 위해 일의 자리의 수는 5가 되어야 하고, 나머지 세 자리에는 1, 2, 3, 4, 5를 중복하여 순서있게 나열하면 되므로 $5^3 = 125$(가지)이다.

답 125

문제1) 중복순열의 수

세 문자 a, b, c 중에서 중복을 허락하여 4개를 택해 일렬로 나열할 때, 문자 a가 두 번 이상 나오는 경우의 수를 구하시오. [2019 대수능 6월 27번]

예제2) 중복순열의 수

서로 다른 다섯 종류의 편지를 우체통 A, B, C에 넣는 경우의 수를 구하여라.

풀이 각 편지를 넣을 때, 고려하는 대상인 우체통 A, B, C 중에서 중복하여 선택할 수 있으므로 구하는

경우의 수는 $_3\Pi_5 = 3^5$이다.

243

문제2) 중복순열의 수

서로 다른 과일 5개를 3개의 그릇 A, B, C에 남김없이 담으려고 할 때, 그릇 A에는 과일 1개만 담는

경우의 수는? (단, 과일을 하나도 담지 않은 그릇이 있을 수 있다.)

여러 가지 순열(원순열)

서로 다른 대상을 원형으로 배열하는 것을 '원순열'이라고 해. 그럼 이제까지 배운 '일직선으로 나열하는 순열'은 원순열과 구분하기 위해 '직순열'이라고 부를게. 원순열은 직순열과 어떤 차이점이 있냐면 원순열은 회전해서 일치하면 같은 것으로 본다는 거야. 예를 들어 A, B, C를 원형으로 나열할 때, 이 두 가지는 같은 경우야. 왜냐하면 회전해서 일치하기 때문이지. 회전해서 일치한다는 게 뭔지 잘 와닿지 않는다면, 이렇게 생각해봐. 세 사람이 원형으로 서서 강강술래 하면서 일치하는 건 다 같은 배열이기 때문에 원순열에서는 같은 것으로 생각한다는 거야. 그래서 세 명의 원순열의 서로 다른 두 경우는 두 가지 뿐이야. 그렇다면 두 명 A, B의 원순열은 두 사람이 마주 보는 한 가지뿐이겠지? 자, 그럼 이제 다양한 원순열을 직접 나열하지 않고도 원순열의 수를 구하는 방법을 앞에서 배운 '단위화'를 이용해서 알아보자. ^^

생각열기

(1) A, B, C, D의 원순열의 수를 구해보자. (방법1)

아래 그림처럼 원 둘레에 일정한 간격으로 4개의 의자가 있어. 여기에 A, B, C, D를 나열할건데, 원래는 의자의 구분이 없는 다 같은 의자인데, 편의상 아래 그림처럼 ①~④라고 번호를 붙일게.

원순열의 수를 구하는 첫 번째 방법은 '직순열→원순열'의 흐름으로 생각하는 거야. ①~④번 의자에 앉는 직순열부터 생각해보면 4!=24이고, 24가지 중에서 4가지만 골라 나열해보면 아래 그림이 돼.

직순열에서 서로 다른 위 그림의 4가지의 순열이 **원순열에서는 모두 같은 하나의 경우**가 돼.

즉,

4개가 한 묶음이 되고 있지? 그럼, 단위화에 의해서 $\dfrac{4!}{4} = \dfrac{24}{4}$ 가 원순열의 수가 되는 거야.

(2) A, B, C, D의 원순열의 수를 구해보자. (방법2)

이번에는 A를 먼저 배열해 볼거야. A를 원형의 탁자에 앉히는 경우의 수는 ①~④어디에 앉든 모두 같은 경우로 아래 그림의 왼쪽 형태가 돼. 이제 나머지 자리 ②,③,④에 B, C, D를 나열해보자.

근데, A먼저 앉고 나니, 나머지 자리 ①~④는 이제 구분이 생겨버렸어. 예를 들어, '②는 A의 오른쪽, ③은 A의 맞은편, ④는 A의 왼쪽' 이렇게 말이야. 그리고 더 이상 회전하지 않아. 이 구분되는 세 종류의 자리에 서로 다른 세 명 B, C, D가 앉는 경우는 이제부터는 '직순열'이 되는 거야. 그래서 3!이 구하는 경우의 수가 되는 거지. 즉, (방법2)는 아무것도 없는 원형에 처음 뭔가를 배열할 때에는 원순열인데, 한 개 이상 배열하고 나면 나머지는 회전이 안되는 구분되는 자리이기 때문에 여기에 배열하는 것은 이제부터는 직순열이라는 거야. 알겠지?

1. 원순열의 수

(1) 원순열

⇨ 서로 다른 대상을 원형으로 배열한 것을 **원순열**이라고 하며, 회전하여 일치한 것은 같은 경우로 본다.

(2) 원순열의 수

⇨ 서로 다른 n개를 원형으로 배열하는 원순열의 수는 $\dfrac{n!}{n} = (n-1)!$이다.

(3) 서로 다른 n개의 원순열의 수를 구하는 두 가지 방법

① (방법1) $\dfrac{직순열}{n}$ = 원순열

② (방법2) 1개 이상 배열하고 나면, 나머지 배열은 '직순열' (원순열→직순열)

예제1) 원순열의 수

다음의 경우의 수를 구하여라.

(1) A, B, C, D, E, F 여섯 명의 사람 중에서 4명이 원 모양의 탁자에 둘러앉는 경우의 수

(2) A, B, C, D, E, F 여섯 명의 사람이 원 모양의 탁자에 둘러앉을 때, A, B는 마주 보는 경우의 수

(3) A, B, C, D, E, F, G, H 여덟 명의 사람 중 A를 포함한 여섯 명의 사람이 원 모양의 탁자에 둘러앉는 경우의 수

풀이
(1) 구하는 경우의 수는 $\dfrac{6명에서\ 4명의\ 직순열}{4} = \dfrac{_6P_4}{4} = 90$ (가지)이다.

(2) A, B를 마주보게 앉히면 남은 4자리에 남은 4명을 앉히는 경우의 수는 직순열이다. 따라서 4! 이다.

(3) A를 먼저 앉히는 경우의 수는 한 가지이고, A가 배열되었으므로 나머지 다섯 개의 자리에 앉히는 경우의 수는 직순열로 생각할 수 있다. 따라서 남은 7명 중에서 5명의 직순열 $_7P_5$이 구하는 경우의 수이다.

답 (1) $\dfrac{_6P_4}{4} = 90$ (2) 4! (3) $_7P_5$

문제1) 원순열의 수

그림과 같이 나뉜 정삼각형을 7가지 색 중 6가지로 칠하는 서로 다른 방법의 가짓수를 구하여라. (단, 좌우로 120°돌려 같으면 1가지로 한다.)

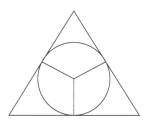

추가TIP

특정 조건을 포함한 원순열

(1) '이웃하게' 나열하는 원순열

　　⇨ (이웃해야 되는 대상을 한 묶음으로 생각한 전체 원순열)×(묶음 내에서 직순열)

(2) '이웃하지 않게' 나열하는 원순열

　　⇨ 이웃하지 않아야 할 대상을 제외한 나머지(▍로 표시)인 칸막이를 먼저 '원순열'로 배열한 후,
　　　그 칸막이(▍로 표시) 사이 사이에 이웃하지 말아야 할 대상을 '직순열'로 배열한다.

예제2) 원순열의 수

원형으로 배열된 8개의 좌석에 여학생 4명과 남학생 4명을 다음 각 조건에 따라 배정하려고 한다.

(1) 남학생 모두 이웃하는 경우의 수를 구하여라.

(2) 남학생이 서로 이웃하지 않게 배정하는 경우의 수를 구하여라.

(3) 적어도 2명의 남학생이 서로 이웃하게 배정하는 경우의 수를 구하여라.

풀이　(1) 남학생을 이웃하게 앉히려면 남학생 4명을 한 묶음으로 생각하면 전체 원순열은 5묶음의 원
순열이므로 $\dfrac{5!}{5}$ 가지이다. 이제 남학생 한 묶음 내에서 4명이 바꾸어서는 경우의 수는 직순열이므
로 4!이다. 따라서 $\dfrac{5!}{5} \times 4! = 576$(가지)이다.

(2) 여학생을 먼저 배열하고 그 사이의 자리인 4개의 자리에 남학생을 배열하면 된다. 우선 여학
생을 배열하는 것은 원순열이므로 $\dfrac{4!}{4}$ 가지이고, 여학생 사이 사이 4개의 자리에 남학생을 배열하
는 것은 직순열이므로 4!이다. 따라서 구하는 경우의 수는 $\dfrac{4!}{4} \times 4! = 144$(가지)이다.

(3) 전체 경우의 수에서 남학생이 아무도 이웃하지 않는 경우의 수를 제외하면 되므로 구하는 경
우의 수는 $\dfrac{8!}{8} - \dfrac{4!}{4} \times 4! = 5040 - 144 = 4896$(가지)이다.

답　(1)576　(2)144　(3)4896

문제2) 원순열의 수

한 쌍의 부부와 네 쌍의 약혼자가 원탁에 둘러앉을 때, 다음을 구하여라.

(1) 부부가 서로 이웃하여 앉는 방법의 수

(2) 부부가 서로 이웃하고, 또 각 쌍의 약혼자끼리도 서로 이웃하여 앉는 방법의 수

(3) 부부가 서로 마주 보고 앉는 방법의 수

(4) 남자와 여자가 서로 교대로 앉는 방법의 수

정사면체의 각 면에 네 가지 색을 모두 써서 만들 수 있는 서로 다른 정사면체 주사위 종류의 수를 구하여라.

풀이

밑면의 색을 먼저 정하고 옆면을 원순열로 생각한다. 그런데 각 경우는 밑면을 돌려서 중복하는 경우가 나오므로 $4 \times (3-1)! \times \dfrac{1}{4} = 2$

답 2

문제3) 입체도형의 채색문제

다음 물음에 답하여라.

(1) 정육면체 주사위에 여섯 가지 색을 모두 써서 만들 수 있는 서로 다른 주사위 종류의 수를 구하여라.

(2) 정팔면체의 각 면에 1~8까지의 수를 써서 정팔면체의 주사위를 만들려고 한다. 서로 다른 주사위 종류의 수를 구하여라.

(1) 다각형 모양으로 배열하는 경우의 수를 구해보자. (다각순열)

아래 그림처럼 직사각형 모양 탁자 둘레에 6개의 의자가 있어. 여기에 A, B, C, D, E, F를 나열하는 경우의 수를 생각해볼거야.

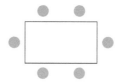

그 시작은 원순열이야. 6명의 원순열은 (6-1)!=5!=120가지야. 이 120가지 중에서 하나의 원순열만 골라서 아래 그림처럼 나타내보자. 이제 왼쪽 그림의 원순열에서 원형 테이블을 치우고, 위 직사각형 모양의 테이블을 넣는다고 생각하면 아래 그림처럼 총 3가지 경우로 직사각형 테이블을 놓을 수 있어.

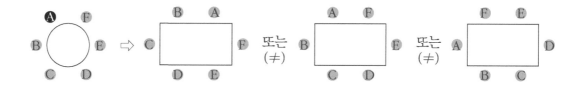

위 그림이 얘기해주는 건, 한 가지의 원순열이 직사각형 모양의 테이블에서는 3가지로 불어난다는 거야!!

따라서 **(직사각형 모양의 다각순열)=(원순열)×3** 이렇게 되는 거지.

그리고 이 3가지는 A만 집중해서 보면, 직사각형 테이블에서 A가 앉는 자리의 서로 다른 종류가 3가지라는 것으로 빠르게 인식 할 수도 있어. 자, 이 사실을 일반화하면 이렇게 정리할 수 있지!

(다각순열)=(원순열)×(다각형의 서로 다른 자리의 수)

2. 다각순열의 수

(1) 다각순열

⇨ 서로 다른 n개의 대상을 다각형 모양으로 배열하는 것

(2) 다각순열의 수

⇨ (다각순열의 수)=(원순열의 수)×(다각형의 서로 다른 자리의 수)

예제4) 원순열의 수

다음 그림과 같은 정삼각형 또는 직사각형 모양의 탁자에 앉히는 방법의 수를 구하여라.

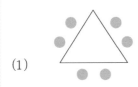

(1)

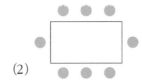

(2)

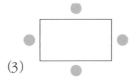

(3)

풀이 (1) 6개의 원순열은 (6-1)!이고, 서로 다른 자리가 2개 이므로 (6-1)!×2(가지)

(2) 8개의 원순열은 (8-1)!이고, 서로 다른 자리가 4개 이므로 (8-1)!×4(가지)

(2) 4개의 원순열은 (4-1)!이고, 서로 다른 자리가 2개 이므로 (4-1)!×2(가지)

답 (1) (6-1)!×2 (2) (8-1)!×4 (3) (4-1)!×2

문제4) 원순열의 수

다음 그림과 같은 정삼각형 또는 정사각형 모양의 탁자에 앉히는 방법의 수를 구하여라.

(1)

(2)

(3)

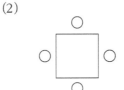

(1) 같은 것이 있는 원순열

서로 다른 n개에서 r개의 원순열의 경우의 수는 $\dfrac{_nP_r}{r}$이 된다. 이는 직순열의 수 $_nP_r$에 있는 r개를 원순열로 배치하면 r개의 직순열이 하나의 원순열을 나타내므로 r개로 단위화 한 것이다. 그러나 처음 주어진 n개의 대상 중에 같은 것들이 있을 때, r개로 단위화를 하면 안되는 경우가 있다. 예를 들어 다음의 경우를 살펴보자.

같은 모양의 흰 공 4개(○○○○)와 검은 공 2개(●●)의 원순열의 수를 알아보자.

이들의 직순열은 같은 것이 있는 순열의 수인 $\dfrac{(4+2)!}{4!2!}=15$(가지)이다. 이 15가지 중에 다음의 두 종류를 고려해보자. 예를 들어

① 직순열 15가지 중, 아래와 같은 6가지는 하나의 원순열을 나타낸다.

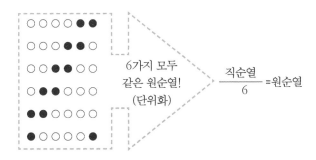

② 직순열 15가지 중, 아래와 같은 3가지는 하나의 원순열을 나타낸다.

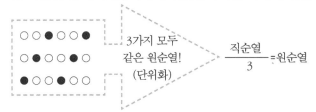

이처럼 직순열의 종류에 따라 단위화가 되는 개수가 다르다. ②의 경우에는 앞의 3개의 순열이 뒤에서 반복이 된다. 이처럼 같은 것을 포함한 직순열에서 '같은 모양이 반복이 되는 최소한의 대상'을 순환마디라고 하고, 반복이 되는 각 묶음 안에 있는 대상의 개수를 '순환마디의 길이'라고 한다. 위 예에서 보듯이, 서로 다른 k개 직순열이 하나의 원순열을 나타낼 때, 이 직순열의 순환마디는 k가 된다.

주어진 문제에서의 순환마디는 4, 2의 최대공약수인 2의 약수인 1, 2개로 묶음을 만들 수 있으므로 이 두 수로 전체 공의 개수 6개를 나누면 가 순환마디의 길이가 각각 $\dfrac{6}{1}=6$, $\dfrac{6}{2}=3$이 된다.

따라서 구하는 원순열의 수는 순환마디의 길이가 3인 직순열의 수는 ○○●의 순열의 수 이므로 $\frac{3!}{2!1!}$개 이고, 순환마디의 길이가 6인 직순열의 수는 전체 직순열의 수 $\frac{6!}{4!2!}=15$에서 순환마디의 길이가 3인 직순열의 수를 제외한 것이므로 $\frac{6!}{4!2!} - \frac{3!}{2!1!}$이다. 따라서 구하는 원순열의 수는 다음과 같다.

$$\frac{\frac{6!}{4!2!} - \frac{3!}{2!1!}}{6} + \frac{\frac{3!}{2!1!}}{3} = 3$$

3. 같은 것이 있는 원순열의 수

(1) 크기와 모양이 같은 흰 공 m개, 검은 공 n개를 원형으로 배열하는 방법의 수는 m, n이 서로소일 때,

$$\frac{(m+n)!}{m!n!} \times \frac{1}{m+n}$$

(2) 크기와 모양이 같은 흰 공 m개, 검은 공 n개, $\cdots$, 노란 공 r개에 대해 $m, n, \cdots, r$이 서로소가 아닐 때, (순환마디의 길이가 $m+n+\cdots+r$이 아닌 경우가 존재할 때) $m, n, \cdots, r$의 최대공약수 $d(>1)$에 대하여 순환마디의 길이는 $\frac{m+n+\cdots+r}{d의 약수}$ 이고, 각 순환마디의 길이 $\frac{m+n+\cdots+r}{d의 약수}$ 에 대응하는 직순열의 수를 순환마디의 길이로 단위화하여 합한 것이 원순열의 수가 된다. 즉,

$$\sum_k \frac{(순환마디의 \ 길이가 \ k인 \ 직순열의 \ 수)}{k}$$

$$(단, k는 \frac{m+n+\cdots+r}{d의 약수})$$

예제5) 같은 것이 있는 원순열의 수

다음 원순열의 수를 구하여라.

(1) 크기와 모양이 같은 흰 공 5개, 검은 공 3개

(2) 크기와 모양이 같은 흰 공 4개, 검은 공 2개, 빨간 공 2개

풀이 (1) $(5, 3)=1$이므로 (즉, 서로소) 구하는 원순열은 순환마디가 $\frac{5+3}{1}=8$인 경우 뿐이다. 따라서 구하는 원순열의 수는 $\frac{8!}{5!3!} \times \frac{1}{8}$ (가지)이다.

(2) $(4, 2, 2)=2$이므로 순환마디의 길이는 $\frac{4+2+2}{1}=8$, $\frac{4+2+2}{2}=4$이다. 따라서 각 순환마디의 길이에 해당하는 직순열의 수를 구하면 다음과 같다.

길이가 4인 직순열의 수 : $\frac{(2+1+1)!}{2!}=12$

순환마디의 길이가 8인 직순열의 수 : $\frac{8!}{4!2!2!} - \frac{(2+1+1)!}{2!}=408$

이제 순환마디의 길이로 단위화를 하면 다음과 같이 원순열의 수를 얻는다.

$$\frac{420-12}{8} + \frac{12}{4} =54 \text{(가지)}$$

답 54

문제5) 같은 것이 있는 원순열의 수

다음 원순열의 수를 구하여라.

(1) 크기와 모양이 같은 흰 공 4개, 검은 공 2개, 빨간 공 1개

(2) 크기와 모양이 같은 흰 공 8개, 검은 공 4개

[Further Reading][6] 같은 것이 있는 원순열과 염주순열

중복된 n개의 대상을 원순열로 배열하는 경우의 수는 r개 이하의 색으로 정n각형의 꼭짓점에 색칠하는 경우의 수와 같다.

이 문제는 액체 속의 분자의 운동에 적용되어지며, n각형에 어떤 물리적인 힘이 가해져서 n각형이 움직인다고 가정하는 것과 같다. 이때, 유동 가능한 n각형 문제는 r개 색인 구슬이 중복으로 사용된 서로 다른 목걸이의 수를 세는 것(염주순열)과 동치인 문제이다. 유동 가능한 물체에 색을 칠하기 위한 그의 식을 전개하게 된 동기는 "이성체(isomers)"를 나열하기 위한 화학문제에서 비롯되었다고 한다. 이제 다음의 내용에서 '염주순열'을 알아보며 같은 분자로 구성되어 있지만, 결합에 따라 다른 화학적 특성을 나타낼 수 있는 결합하는 경우의 수에 대해 탐구해보도록 하자.

생각열기
---

(1) 염주순열

세 종류의 구슬 R, W, B를 원형으로 배열할 때, 아래의 두 원순열은 서로 다르다. 하지만, 왼쪽에 있는 원순열을 뒤집어 놓게 되면 오른쪽의 그림과 같게 된다. 이처럼 원순열에서는 다른 경우였지만, 뒤집어 놓았을 때, 같은 것이 되는 원순열을 하나로 간주하는 것을 '염주순열'이라고 한다. 그리고 이 경우 염주순열의 수는 원순열의 절반이 된다.

하지만, 같은 것을 포함한 원순열에서는 아래의 예시와 같이 뒤집어도 자기 자신이 되는 경우가 있다.

이러한 경우, 위 그림은 원순열의 수와 염주순열의 수가 같게 된다.

이 내용을 일반화 하면 염주순열의 수는 다음과 같이 구한다.

---

[6] G. Polya's enumeration theorem

4. 염주순열의 수(목걸이 순열)[7]

① 비대칭 염주순열의 수는

$$\frac{1}{2} \times (\text{비선대칭인 원순열의 수})$$

② 대칭·비대칭을 포함한 염주순열의 수는

$$(\text{선대칭인 원순열의 수}) + \frac{1}{2} \times (\text{비선대칭인 원순열의 수})$$

예제6) 염주순열의 수

크기와 모양이 각각 같은 흰 공 4개, 검은 공 6개, 빨간 공 1개의 염주순열의 수를 구하여라.

풀이 우선 좌우 대칭이 되는 원순열의 수를 구해보자.

빨간 공을 대칭 축 위에 올려 놓고, 좌우에 각각 흰 공 2개, 검은공 3개를 놓으면 되고 이 경우의 수는 $\frac{5!}{3!2!} = 10$(가지)이다.

이제 대칭이 되지 않는 경우의 수를 구해보자. 이는 (전체 원순열의 수)−(대칭인 원순열의 수)이 므로 다음과 같다.

$$\frac{11!}{4!6!} \times \frac{1}{11} - \frac{5!}{3!2!} = 200 \text{(가지)}$$

따라서 염주순열의 수는 $\frac{200}{2} + 10 = 110$(가지)이다.

문제6) 염주순열의 수

빨간 구슬 3개, 흰 구슬 3개, 검은 구슬 6개를 실에 꿰어 염주를 만드는 방법의 수를 구하여라.

---

[7] 염주순열의 문제는 대칭성이 다양할수록 그 경우의 수를 구하기 어렵다. 하지만, 이를 일반화한 방법을 알려주는 정리가 '번스타인의 보조정리(Bemstein's lemma)'이다.

여러 가지 순열(같은 것이 있는 순열)

이제까지 우리가 일직선으로 나열하던, 원형으로 나열하던, 대상들은 모두 서로 다른 녀석들이었지. 근데, 우리가 나열하고자 하는 대상에 같은 것이 있는 경우의 순열은 어떻게 될까?를 생각해볼거야. 이걸 뭐라고 부르냐면 '같은 것이 있는 (직)순열'이라고 불러. 근데, 같은 것이 있는 원순열은 일반 교육과정에 없으니 안배운다는 것만 참고하자!

생각열기

(1) 같은 것이 있는 a, a, b, b, b의 순열

우선 다섯 개의 문자를 모두 다른 것으로 보기 위해 아랫첨자를 넣어서 a_1, a_2, b_1, b_2, b_3의 순열을 먼저 생각할거야. 그럼 a_1, a_2, b_1, b_2, b_3의 순열은 5!이지?

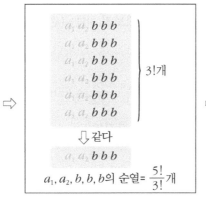

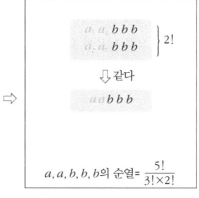

그런데, 이 5!=120의 순열 중, 위 그림처럼 6개만 보면 a_1a_2에 대해 b_1, b_2, b_3의 순서만 서로 바꿔서는 순열이라 총 3!=6가지. 그런데, 우리가 구하고 싶은 순열은 a_1, a_2, b_1, b_2, b_3의 순열이 아니라, a, a, b, b, b의 순열이니까 첫 번째 단계로 a_1, a_2, b, b, b의 순열을 구하고 싶다면 위에 보이는 '3!=6개의 순열을 한 묶음으로 봐야하고, 그 말은 3!=6으로 단위화 하는것 ⇨ 3!=6으로 나눈다'라는 거야.

즉, 위의 그림의 3!의 경우가 사실은 밑의 그림과 같이 1가지라는 거야. 이를 경우의 수로 나타내 면 a_1, a_2, b, b, b의 순열은 $\frac{5!}{3!}$라는 거지.

그런데, 이제 보니 위 그림의 두 가지가 a_1, a_2, b, b, b의 순열에서는 다르지만 a, a, b, b, b의 순열에서는 같다고 해야 돼. 이 작업이 바로 '(2개=2! 을 하나로 보겠다)=(2!으로 단위화 하겠다)=(2!으로 나누겠다)'는거야. 즉,
$$a, a, b, b, b의 순열 = \frac{5!}{3! \times 2!}$$

위 과정을 한꺼번에 나타내면

같은 것을 포함한 a, a, b, b, b의 순열의 수를 구하기 위해

① 서로 다른 문자 a_1, a_2, b_1, b_2, b_3의 순열의 수 5!

② $b_1=b_2=b_3$로 보기 위해 $\times \frac{1}{3!}$ 즉, a_1, a_2, b, b, b의 순열= $\frac{5!}{3!}$

③ $a_1=a_2$로 보기 위해 $\times \frac{1}{2!}$ 즉, a, a, b, b, b의 순열= $\frac{5!}{3!2!}$

1. 같은 것이 있는 순열

(1) 같은 것이 있는 순열

⇨ 같은 것이 적어도 하나 있는 대상의 순열

(2) 같은 것이 있는 순열의 수

⇨ n개 중에서 같은 것이 각각 p개, q개, $\cdots$, r개씩 있을 때, 이들을 모두 택하여 일렬로 배열하는 순열의 수는

$$\frac{n!}{p! \times q! \times \cdots \times r!} \ (단, p+q+\cdots+r=n)$$

예제1) 같은 것이 있는 순열의 수

다음 경우의 수를 구하시오.

(1) a, p, p, l, e의 다섯 개의 문자를 일렬로 배열하는 경우의 수

(2) a, p, p, l, e의 다섯 개의 문자를 일렬로 배열할 때, 두 개의 p를 양 끝에 배열하는 경우의 수

(3) a, p, p, l, e의 다섯 개의 문자를 일렬로 배열할 때, 두 개의 p를 이웃하게 배열하는 경우의 수

풀이 답 (1) $\dfrac{5!}{2!}$ (2) $3!$ (3) $4!$

문제1) 같은 것이 있는 순열의 수

흰 색 깃발 5개, 파란색 깃발 5개를 일렬로 모두 나열할 때, 양 끝에 흰 색 깃발이 놓이는 경우의 수는? (단, 같은 색 깃발끼리는 서로 구별하지 않는다.)

추가TIP

같은 것이 있는 순열을 알려주는 키워드

(1) '**2개 이상**'의 같은 것이 있는 순열
(2) '**순서**'나 '**대소관계**'가 주어진 순열
　　⇨ '어떤 문자가 다른 문자의 왼쪽에 놓이도록'처럼 배열 대상의 순서가 정해진 순열
　　⇨ 숫자의 순열에서 숫자의 배열에 대소 관계($>$, $<$)가 정해진 순열
(3) '**도로망 문제**'

예제2) 같은 것이 있는 순열의 수

a, b, c, d, e를 일렬로 배열할 때, a가 b의 왼쪽에 놓이는 순열의 수를 구하시오.

풀이　a와 b를 같은 문자 ○로 간주하면, ○, ○, c, d, e의 순열과 같고, 그 경우의 수는 $\dfrac{5!}{2!}$이다. 이후 이 순열에서 ○의 두 개에 왼쪽 ○에는 a, 오른쪽 ○에는 b를 넣으면 된다.

답 60

문제2) 같은 것이 있는 순열의 수

어느 회사원이 처리해야 할 업무는 A, B를 포함하여 모두 4가지이다. 이 업무를 모두 오늘 처리하려고 하는데, A를 B보다 먼저 처리해야 한다고 할 때, 업무의 처리 순서를 정하는 경우의 수는?

추가TIP

도로망 문제

(1) 도로망 문제

⇨ 직사각형을 붙여 만든 도로망의 두 점 A, B에 대해 A에서 B로 가는 **최단경로의 수**를 구하는 방법

★ 그냥 경로가 아니라 '최단경로'를 구하라고 하는 이유는 거슬러가지 말라는 뜻이야. 즉, 아래의 도로망에서 A에서 B로 가는 최단경로는 '오른쪽, 위쪽'으로만 이동하라는 것!

(2) 최단 경로의 수를 같은 것이 있는 순열로 구하기

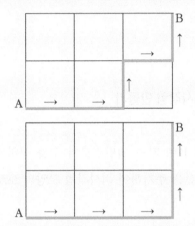

왼쪽 도로망에서 A에서 B로 가는 최단경로는 →, →, →, ↑, ↑의 순열과 일대일대응이 돼

예를 들어,

왼쪽의 경로는 →, →, ↑, →, ↑에 대응이 돼. 역으로,

→, →, →, ↑, ↑는 왼쪽의 굵은 선으로 표시된 경로에 대응시킬 수 있어.

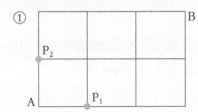

따라서 (최단경로의 수) = (→, →, →, ↑, ↑의 순열)

$$= \frac{5!}{3!2!} = 10$$

(3) 최단 경로를 경유지점을 택하여 경로 구분하기

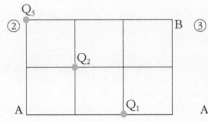

A에서 B로 가는 최단경로는 선분 A, B를 가로지르는 직선과 만나는 격자점을 경유지점으로 하면 전체 경로의 분할을 만들어. 무슨 말이냐면

★ 그림 ①에서 보면 A에서 B로 가는 최단경로는 반드시 P_1, P_2 중 딱 하나의 경유점만 거쳐갈 수 있어.

★ 그림 ②에서 보면 A에서 B로 가는 최단경로는 반드시 Q_1, Q_2, Q_3 중 딱 하나의 경유점만 거쳐갈 수 있어.

★ 그림 ③에서 보면 A에서 B로 가는 최단경로는 반드시 R_1, R_2, R_3 중 딱 하나의 경유점만 거쳐갈 수 있어.

★ 그림 ④에서 보면 A에서 B로 가는 최단경로는 반드시 S_1, S_2 중 딱 하나의 경우점만 거쳐갈 수 있어.

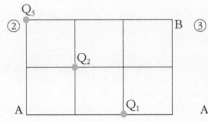
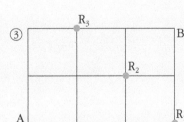

도로망 문제

(4) 도로가 변형되는 경우의 해결 (방법1) – 경유지점 설정

앞 (3)②의 경로의 경유지점 Q_1, Q_2, Q_3 중, 도로가 아래와 같이 변형되면서 Q_1이 삭제되었으므로 아래 변형된 도로망의 모든 경로는 Q_2, Q_3 중 딱 하나만 지나게 돼.

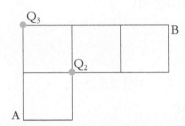

(A에서 B로 가는 최단경로의 수)

$= (\text{A}-Q_2-\text{B경로의 수}) + (\text{A}-Q_3-\text{B경로의 수})$

$= 2 \times \dfrac{3!}{2!1!} + 1 = 7$

(5) 도로가 변형되는 경우의 해결 (방법2) – 없는 도로 만들어 직사각형 만들기

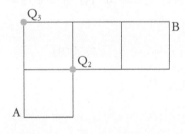

왼쪽의 도로망에서 A에서 B로 가는 최단경로의 수를 구하기 위해 아래 그림과 같이 점선을 추가하여 직사각형 모양의 도로를 만들 수 있어. 이때,

(A에서 B로 가는 최단경로의 수)

$= (\text{A}-Q_2-\text{B경로의 수}) + (\text{A}-Q_3-\text{B경로의 수})$

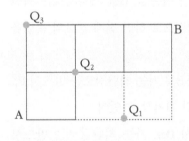

인데, 이는 왼쪽의 그림과 같은 직사각형의 도로망의 전체 경로의 수에서 Q_1을 거치는 경우의 수를 제외하면 되므로

(A에서 B로 가는 최단경로의 수)

$= (\text{전체경로의 수}) - (\text{A}-Q_1-\text{경로의 수})$

$= \dfrac{5!}{3!2!} - \dfrac{3!}{1!2!} = 7$

(6) 도로가 변형되는 경우의 해결 (방법3) – 일일이 세기 합의 법칙

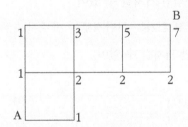

도로의 교차점 마다 그 점까지 갈 수 있는 경우의 수를 적어놓으면 왼쪽 그림처럼 된다.

예제3) 최단 경로의 수

그림과 같이 마름모 모양으로 연결된 도로망이 있다. 이 도로망을 따라 A지점에서 출발하여 C지점을 지나지 않고, D지점도 지나지 않으면서 B지점까지 최단거리로 가는 경우의 수는?

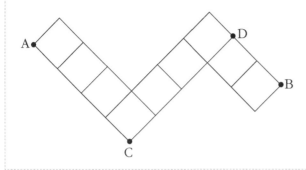

풀이 A지점에서 C지점을 지나지 않고, D지점도 지나지 않는 경로는 아래와 같고, 아래와 같이 중간 경유지점 P, Q, R를 만들자.

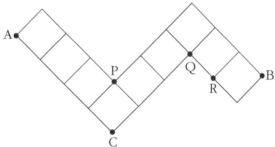

그럼 구하는 경우의 수는

(A에서 P로 가는 경우의 수)×(P에서 Q로 가는 경우의 수)

×(Q에서 R로 가는 경우의 수)×(R에서 B로 가는 경우의 수)

$=\dfrac{4!}{3!} \times \dfrac{3!}{2!} \times 1 \times 2 = 24$(가지) 이다.

답 24

문제3) 최단 경로의 수

그림과 같이 직사각형 모양이 연결된 도로망이 있다. 이 도로망을 따라 A지점에서 출발하여 B지점까지 최단거리로 가는 경우의 수는?

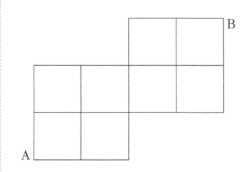

순열

1. 서로 다른 공 4개를 남김없이 서로 다른 상자 A, B, C에 나누어 넣으려고 할 때, 두 상자 A, B에 넣은 공의 개수의 합 1이 되도록 넣는 경우의 수는? (단, 공을 하나도 넣지 않은 상자가 있을 수 있다.) [2018대수능 11월 18번 변형]

2. 집합 $A = \{1, 2, 3, 4, 5\}$에 대하여 다음 조건을 만족시키는 함수 $f : A \rightarrow A$의 개수를 구하여라.

> (가) 함수 f의 치역의 원소의 개수는 3이다.
> (나) $f(1) \neq f(2)$이고, $f(2) \neq f(3)$이다.

3. 네 쌍의 부부가 원탁에 둘러앉을 때, 남편 세 사람이 모두 자기 부인과 이웃하여 앉는 방법의 수를 구하여라.

4. 한국사람 3명, 미국사람 3명, 영국사람 1명을 원형으로 배열할 때, 한국사람과 미국사람이 교대로 앉는 경우의 수를 구하여라.

5. 정팔각형 모양의 탁자에 철수와 영희를 포함한 8명의 학생이 둘러앉으려고 한다. 한 변에 한 명씩 앉는다고 할 때, 철수와 영희 사이에 2명 또는 3명의 학생이 앉는 경우의 수를 구하시오. (단, 회전하여 일치하는 것은 같은 것으로 본다.)

6. 다음 그림과 같은 도로망이 있다. 점 A에서 출발하여 점 B로 가는 최단 경로의 수를 구하여라.

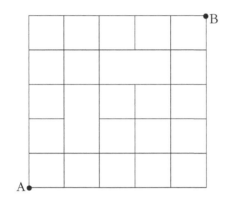

7. 이웃한 두 교차로 사이의 거리가 모두 1인 바둑판 모양의 도로망이 있다. 벼룩이 한 번 움직일 때마다 길을 따라 거리 1만큼씩 이동한다. 벼룩이 길을 따라 어느 방향으로도 움직일 수 있지만, 한 번 통과한 지점을 다시 지나지는 않는다. 이 벼룩이 한 점 O에서 출발하여 4번만 움직일 때, 가능한 모든 경로의 수를 구하여라. (단, 출발점과 도착점은 일치하지 않는다.)

8. 어느 학생이 7자리의 비밀번호를 다음과 같은 방법으로 숫자 4개와 영문자 3개를 혼합하여 만들려고 한다.

> ㄱ. 자신의 성 K, I, M를 사용한다.
> ㄴ. 자신의 주민등록번호의 앞 부분에 있는 6개의 숫자 중에서 서로 다른 4개의 숫자를 사용한다.
> ㄷ. 숫자의 배열 순서는 주민등록번호의 배열순서와 같다.

주민등록번호가 980301-○○○○○○○인 학생이 만들 수 있는 비밀번호의 개수를 구하여라.

9. 검은 구슬 4개, 흰 구슬 2개, 빨간 구슬 2개로 목걸이를 만드는 방법의 수를 구하여라.

10. 7개의 문자 a, b, c, d, e, f, g의 순열에 대하여 다음 물음에 답하여라.

(1) 모든 순열을 사전의 알파벳 순으로 배열할 때, 1234번째에 있는 순열을 구하여라.

(2) c와 d 어느 것도 양 끝에 있지 않고, 모두 b와 이웃하는 경우의 수를 구하여라.

조합

- 조합
- 중복조합

조합

앞에서는 '서로 다른 n개 중 r를 뽑아 일직선으로 나열하는 경우의 수'를 순열의 수라고 배웠는데, 이 순열에서 '순서를 고려하지 않는' 즉, 대표를 뽑기만 하는 경우인 '조합'을 생각해볼거야.

생각열기

(1) 조합(Combination)과 조합의 수

예 a, b, c, d, e에서 순서를 고려하지 않고, 세 개를 뽑는 경우는 아래와 같이 10가지이다.

(관점1) 이를 순열의 수 $_5P_3$을 이용해서 구해보자.

순열(순서 고려)

$$
\left.
\begin{array}{l}
a\text{-}b\text{-}c \\
a\text{-}c\text{-}b \\
b\text{-}a\text{-}c \\
b\text{-}c\text{-}a \\
c\text{-}a\text{-}b \\
c\text{-}b\text{-}a
\end{array}
\right\} 3!개 \quad \Rightarrow 1묶음
$$

조합(순서 무시)

$_5P_3$에서는 $6 = 3!$가지로 인식이 되는 a, b, c의 순열을 조합에서는 순서를 무시하므로 한 가지가 된다. 따라서 순서가 고려된 $_5P_3$을 $3!$으로 단위화 해주면 구하고자 하는 경우의 수인 5개에서 3개의 대표를 뽑는 경우의 수인 $_5C_3$이 되며 관계식은 아래와 같다.

$$
\frac{_5P_3}{3!} = {_5C_3}
$$

(관점2) 이는 다르게 생각하면

서로 다른 5개 a, b, c, d, e에서 3개를 순서 있게 나열하는 경우의 수 $_5P_3$는 아래의 $i)$, $ii)$가 세트로 일어난 경우의 수와 같다.

　　　$i)$ 5개 중 3개를 뽑은 다음 $\Rightarrow$ $_5C_3$

　　　$ii)$ 뽑은 3개를 순서 있게 나열하는 경우의 수 $\Rightarrow 3!$

　　　이때, 위 $i)$, $ii)$가 세트로 일어나야 전체사건인 $_5P_3$이 완료가 되니까 곱의 법칙을 쓰면

$$
_5P_3 = {_5C_3} \times 3!
$$

일반화하면 아래와 같다.

$$
_nP_r = {_nC_r} \times r!
$$

✔ 사실 $_nC_r$는 원소의 개수가 n인 집합에서 원소의 개수가 r개인 부분집합의 개수와 같다.

1. 조합

(1) 조합(Combination)

: 서로 다른 n개 중에서 r개를 택하는 것

(2) 조합의 수

: 서로 다른 n개 중에서 r개를 '순서를 고려하지 않고' 택하는(뽑는) 경우의 수는

$$_n\text{C}_r = \frac{_n\text{P}_r}{r!} = \frac{n!}{(n-r)!r!} \quad (\text{단}, 0 \leq r \leq n)$$

(3) $_n\text{C}_r = \dfrac{_n\text{P}_r}{r!}$ 에서 $r=0$이면 $_n\text{C}_0 = \dfrac{_n\text{P}_0}{0!} = 1$임을 알 수 있다. 즉,

$_n\text{C}_0 = 1$, $_n\text{C}_n = 1$

예 한 반에 30명이 정원인 학급에서 반 대표 세 명을 뽑는 경우의 수는 $_{30}\text{C}_3 = \dfrac{30 \times 29 \times 28}{3!}$ 이다.

예 집합 $\{a, b, c, d, e\}$에서 원소의 개수가 3개인 부분집합의 개수는 $_5\text{C}_3 = \dfrac{5 \times 4 \times 3}{3!}$ 이다.

예제1) 조합의 수

다음 등식이 성립함을 증명하여라.

(1) $_nC_r = {}_nC_{n-r}$

(2) $_nC_r = {}_{n-1}C_{r-1} + {}_{n-1}C_r$ [8]

풀이

(1) 대수적인 방법 : $_nC_r = \dfrac{{}_nP_r}{r!} = \dfrac{n!}{(n-r)!r!}$ 에서 r대신에 $n-r$을 대입하면 $_nC_{n-r} = \dfrac{n!}{r!(n-r)!}$ 이므로 $_nC_r = {}_nC_{n-r}$이다.

조합론적인 방법 : 서로 다른 n개의 대상에서 대표 r명을 뽑는 경우의 수 $_nC_r$는 대표가 되지 않을 $(n-r)$명을 뽑는 경우의 수 $_nC_{n-r}$와 같다.

(2) 서로 다른 n개의 대상 $a_1, a_2, \cdots, a_n$에서 r개의 뽑는 것은 특정한 대상 a_n을 포함하는 경우와 안 포함하는 경우로 구분할 수 있다. 즉,

$_nC_r = (a_n$을 포함하여 r개를 뽑는 경우의 수$) + (a_n$을 포함하지 않고 r개를 뽑는 경우의 수$)$

이때,

$(a_n$을 포함하여 r개를 뽑는 경우의 수$)$는 a_n을 미리 뽑아놓고 남은 $(n-1)$개에서 부족한 $(r-1)$개만 더 뽑으면 되므로 $_{n-1}C_{r-1}$이다.

$(a_n$을 포함하지 않고 r개를 뽑는 경우의 수$)$는 a_n을 제외한 $(n-1)$개에서 r개를 뽑는 경우의 수 이므로 $_{n-1}C_r$이다. 따라서 다음의 관계식을 얻는다.

$$_nC_r = {}_{n-1}C_{r-1} + {}_{n-1}C_r$$

문제1) 조합의 수

등식 $r \times {}_nC_r = n \times {}_{n-1}C_{r-1}$ [9]이 성립함을 증명하여라.

---

[8] 이 등식은 뒤 이항정리에서 '파스칼(Pascal)의 삼각형'의 구조를 나타내는 등식임을 알 수 있다.

[9] 이 등식은 뒤 이항정리에서 '이항계수의 성질'과 확률분포에서 '이항분포'에서 중요한 역할을 한다.

예제2) 조합의 수

다음 물음에 답하여라.

(1) $12 \times {}_nC_3 - 6 \times {}_nP_2 = {}_nP_3$을 만족시키는 n의 값을 구하여라.

(2) ${}_{n+1}C_{n-2} + {}_{n+1}C_{n-1} = 35$를 만족시키는 n의 값을 구하여라.

(3) ${}_{n-1}P_r : {}_nP_r = 3 : 11$, ${}_nC_r : {}_{n+1}C_r = 1 : 3$을 동시에 만족시키는 n과 r의 값을 구하여라.

풀이

(1) $12 \times \dfrac{{}_nP_3}{3!} - 6 \times {}_nP_2 = {}_nP_3$에서 $n(n-1)$로 양변을 나누고 정리하면 $n-8=0$ $\therefore n=8$

(2) ${}_{n+1}C_{n-2} = {}_{n+1}C_{(n+1)-(n-2)} = {}_{n+1}C_3$, ${}_{n+1}C_{n-1} = {}_{n+1}C_{(n+1)-(n-1)} = {}_{n+1}C_2$이므로 주어진 식은 다음과 같다.

${}_{n+1}C_3 + {}_{n+1}C_2 = 35$이 식에서 $n(n+1)(n+2) = 5 \cdot 6 \cdot 7$를 얻고, n은 양의 정수이므로 $n=5$이다.

(3) $\dfrac{{}_{n-1}P_r}{{}_nP_r} = \dfrac{(n-1)!}{(n-r-1)!} \times \dfrac{(n-r)!}{n!} = \dfrac{n-r}{n} = \dfrac{3}{11}$

$\dfrac{{}_nC_r}{{}_{n+1}C_r} = \dfrac{n!}{r!(n-r)!} \times \dfrac{r!(n+1-r)!}{(n+1)!} = \dfrac{n-r+1}{n+1} = \dfrac{1}{3}$

를 정리하면 $n=11$, $r=8$이다.

답 (1) 8 (2) 5 (3) $n=11$, $r=8$

1부터 30까지의 홀수 중에서 서로 다른 두 수를 선택할 때, 두 수의 합이 3의 배수가 되는 경우의 수를 구하여라.

풀이   1부터 30까지의 홀수 중에서 3으로 나누어 떨어지는 수의 집합을

$$A=\{3, 9, 15, 21, 27\}$$

3으로 나누었을 때 나머지가 1인 집합을 $B=\{1, 7, 13, 19, 25\}$, 나머지가 2인 집합을 $C=\{5, 11, 17, 23, 29\}$라 하면,

두 수의 합이 3의 배수가 되려면 집합 A에서 두 개를 뽑거나, 집합 B에서 하나를 뽑은 후 집합 C에서 하나를 뽑을 수 있는 방법을 생각하면 된다. 따라서 구하려는 경우의 수는

$$_5C_2 + {}_5C_1 \times {}_5C_1 = 10 + 25 = 35$$

답 35

문제2) 조합의 수

1부터 30까지의 자연수 중에서 서로 다른 두 수를 선택할 때, 두 수의 합이 3의 배수가 되는 경우의 수를 구하여라.

추가TIP

특정 조건을 포함한 조합

(1) 특정 대상을 '**포함**' 하게 뽑는 조합

    ⇨ 포함해야 하는 대상을 먼저 뽑은 후, 나머지 후보에서 덜 뽑은 수만큼 뽑는다.

(2) 특정 대상을 '**포함하지 않게**' 뽑는 조합

    ⇨ 포함하지 말아야 할 대상을 제외한 나머지 후보에서 뽑아야 할 만큼 뽑는다.

(3) '**적어도 A를 포함하게**' 뽑는 조합

    ⇨ (전체 경우의 수) − (사건 A를 포함하지 않는 경우의 수)

(4) '**적어도 A나 B를 포함**'하는 경우의 수

    ⇨ ① $n(A \cup B) = n(A$이거나 $B) = n($적어도 A나 B를 뽑는 경우의 수$)$

      ② (전체 경우의 수)−(A도 B도 뽑지 않는 경우의 수)

예제4)

A, B를 포함한 8명 중 4명을 뽑아 일렬로 세운다.

(1) A, B 두 사람이 모두 포함되어 있는 경우의 수를 구하여라.

(2) A는 포함되고, B는 포함되지 않은 경우의 수를 구하여라.

(3) A, B 두 사람이 모두 포함되지 않은 경우의 수를 구하여라.

(4) A, B 두 사람이 모두 포함되어 있고, 또, 인접하여 있는 경우의 수를 구하여라.

풀이

(1) A, B를 먼저 뽑아 놓고 나머지 6명 중 2명을 뽑는 방법만 생각하면 되므로 $_6C_2$가지이다. 또, 이들 4명을 일렬로 세우는 방법은 4!가지.

$$\therefore \ _6C_2 \times 4! = 360(가지)$$

(2) A를 먼저 뽑아 놓고, B는 없는 것으로 생각하고, 나머지 6명에서 3명을 뽑는 방법의 수만 생각하면 되므로 $_6C_3$가지이다. 또, 이들 4명을 일렬로 세우는 방법은 4!가지.

$$\therefore \ _6C_3 \times 4! = 480(가지)$$

(3) A, B는 없는 것으로 생각하고, 나머지 6명에서 4명을 뽑는 방법만 생각하면 되므로 $_6C_4$가지이다. 또, 이들 4명을 일렬로 세우는 방법은 4!가지.

$$\therefore \ _6C_4 \times 4! = 360(가지)$$

(4) A, B가 포함되게 4명을 뽑는 방법은 위 (1)과 같이 하면 $_6C_2$가지이고, 각각에 대하여 A, B 두 사람이 인접하는 경우는 3!×2!가지.

$$\therefore \ _6C_2 \times 3! \times 2! = 180(가지)$$

📄 (1) 360 (2) 480 (3) 360 (4) 180

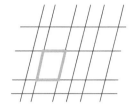

예제5) 도형에의 활용

그림과 같이 6개의 평행선과 또 다른 4개의 평행선이 서로 만나고 있다. 이 그림 속에 있는 평행사변형은 모두 몇 개인지 구하여라.

풀이 가로로 평행한 4개의 평행선에서 2개를 택하고, 대각선으로 평행한 6개의 평행선에서 2개를 택하면 평행사변형이 만들어진다. 즉, $_4C_2 \times _6C_2 = 90$개

답 90

문제3) 도형에의 활용

양의 정수 x, y에 대하여 부등식 $(x-2)^2 + (y-3)^2 < 4$를 만족하는 좌표평면 위의 점에서 임의로 세 점을 선택할 때, 이 세 점을 꼭짓점으로 하는 삼각형의 개수를 구하여라.

예제6)

여덟 개의 a와 네 개의 b를 모두 사용하여 만든 12자리 문자열 중에서 다음 조건을 모두 만족시키는 문자열의 개수를 구하여라.

> (가) b는 연속해서 나올 수 없다.
>
> (나) 첫째 자리 문자가 b이면 마지막 자리 문자는 a이다.

풀이1 조건 (가)에 의하여 b는 이웃할 수 없으므로 다음과 같이 a를 먼저 나열하고 그 사이의 9개의 자리 중 네 곳에 b를 나열한다.

$$\square a \square a \square a \square a \square a \square a \square a \square a \square$$

1) 첫째 자리 수가 a인 경우 : b는 8개의 자리 중 네 곳에 나열되므로 경우의 수는

$$_8C_4 = 70개$$

2) 첫째 자리 수가 b인 경우 : 조건 (나)에 의하여 마지막 자리 문자는 a이므로 나머지 3개의 b는 7개의 자리 중 세 곳에 나열한다. 따라서 경우의 수는

$$_7C_3 = 35(개)$$

1), 2)에 의하여 구하는 문자열의 개수는 $70 + 35 = 105$(개)

풀이2 조건 (가)에 의하여 b는 이웃할 수 없으므로 다음과 같이 a를 먼저 나열하고 그 사이의 9개의 자리 중 네 곳에 b를 나열한다.

$$\square a \square a \square a \square a \square a \square a \square a \square a \square$$

이 경우에서 양 끝이 b가 배치된 경우를 제외한다.

따라서, $_9C_4 - _7C_2 = 105$

풀이3 다음과 같이 b를 먼저 나열하고 그 사이의 칸에 a를 x, y, z, u, w 개 나열한다고 하자.

$$\square b \square b \square b \square b \square$$

1) $x = 0$이고 $y, z, u, w \geq 1$ 인 경우 ; $_7C_3 = 35$

2) $x \neq 0$이고 $x, y, z, u \geq 1$ 이고 $w \geq 0$인 경우 ; $_8C_4 = 70$ 따라서 $35 + 70 = 105$(가지) **답** 105

문제4)

1부와 2부로 나누어 진행하는 어느 음악회에서 독창 2팀, 중창 2팀, 합창 3팀이 모두 공연할 때, 다음 두 조건에 따라 7팀의 공연 순서를 정하려고 한다.

> (가) 1부에는 독창, 중창, 합창 순으로 3팀이 공연한다.
>
> (나) 2부에는 독창, 중창, 합창, 합창 순으로 4팀이 공연한다.

이 음악회의 공연 순서를 정하는 방법의 수를 구하여라.

추가TIP

같은 것이 있는 순열 vs 조합

예(1) a, a, b, b, b의 **순열**을 생각하는 방법은

① 같은 것이 있는 순열로 구하면 $\dfrac{5!}{2!3!}$

② a, a, b, b, b 다섯 개를 나열하는 자리의 이름을 1번, …, 5번이라고 하면 서로 다른 5개 자리에서 a를 앉힐 2개의 자리를 고르는 경우의 수(=b를 앉힐 3개의 자리를 고르는 경우의 수)와 같으므로 ${}_5C_2(={}_5C_3)= \dfrac{5!}{2!3!}$ 이다.

예(2) '도로망문제'

① 오른쪽 그림의 도로망에서 A에서 B로 가는 최단 경로의 수는 →, →, →, ↑, ↑의 순열이므로 $\dfrac{5!}{2!3!}$.

② A에서 B로 가기 위해 오른쪽으로 3칸, 위로 2칸 가는 것은 공통사항이므로 총 5칸 이동에서 위로(오른쪽으로) 이동할 2회(3회) 택하는 경우의 수 ${}_5C_2(={}_5C_3)$.

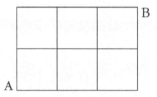

예(3) '순서'나 '대소 관계($>$), $\langle \rangle$'가 주어진 순열 = 같은 것이 있는 순열 = 조합

a, b, c, d, e를 일렬로 배열할 때, a가 b의 왼쪽에 놓이는 경우의 수를 조합으로 구해보자.

⇨ 서로 다른 5개의 자리에서 a, b가 들어갈 2개의 자리 ■를 고르는 경우의 수는 ${}_5C_2$.

이제 c, d, e를 나머지 3개의 자리 □에 배열하는 경우의 수는 3!이고 a, b의 순서가 정해져 있으므로 두 개의 ■자리에 a가 b의 왼쪽에 오도록 배열하는 경우의 수는 1가지. 따라서 구하는 경우의 수는 ${}_5C_2 \times 3! \times 1 = 60$

이걸 같은 것이 있는 순열로 해결하면, '순서가 정해진 2개 문자를 같은 것으로 본 순열'이므로 $\dfrac{5!}{2!} = 60$

$\boxed{\text{예}}$ a, a, b, b, b, c의 같은 것이 있는 순열의 수 $\dfrac{6!}{2!3!1!}$를 조합으로 나타내면 $_6C_2 \times _4C_3 \times _1C_1$이다.

$\boxed{\text{예}}$ 다음 도로망의 최단 경로의 수는 →, →, →, →, ↑, ↑의 순열로 보면 $\dfrac{6!}{4!2!}$이고, 여섯 차례의 이동 중에 오른쪽으로 이동할 차례를 고르는 경우의 수로 보면 $_6C_4$이다.

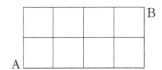

$\boxed{\text{예}}$ a, b, c, d, e의 배열 중에서 a가 b의 왼쪽에, b가 c의 왼쪽에 놓이는 경우의 수는 $_5C_3 \times 2!$이다.

예제7)

다음 그림과 같이 크기가 같은 정육면체 모양의 투명한 유리 상자 12개로 직육면체를 만들었다. 이 중에서 4개의 유리 상자를 같은 크기의 검은 색 유리 상자로 바꾸어 넣은 직육면체를 위에서 내려다 본 모양이 (가), 옆에서 본 모양이 (나)와 같이 되도록 만들 수 있는 방법의 수를 구하여라.

위

옆

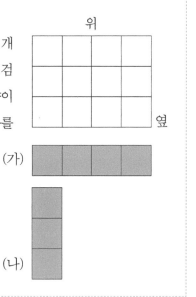

(가)

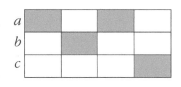

(나)

$\boxed{\text{풀이1}}$ 각 층을 a, b, c라고 오른쪽 그림과 같이 이름을 붙이면 그림처럼 색칠된 예시는 순열 $abac$로 생각할 수 있다. 이처럼 a가 있는 층에 색칠된 칸이 두 개이면 순열에서 a가 두 번 등장할 수도 있고, b가 있는 층에 색칠된 칸이 두 개이면 순열에서 b가 두 번 등장할 수도 있다. 이처럼 구하는 경우의 수는 같은 것이 있는 순열을 이용하여 $\dfrac{4!}{2!} \times 3 = 36$가지 이다.

$\boxed{\text{풀이2}}$ 가로 4개의 칸 중 검은색이 2개 먼저 배치하여 가로 행을 하나 만든다. 나머지 2개의 가로 행은 위에서 내려 보았을 때 모두 검은색이어야 하므로 적절하게 배치한다. 이렇게 검은색이 배치된 3개의 가로행을 1,2,3층에 배열하는 경우의 수와 같다. $_4C_2 \times 3! = 36$

$\boxed{\text{답}}$ 36

문제5)

집합 {1, 2, 3, 4, 5}의 부분집합 중 원소의 개수가 2인 부분집합을 두 개 선택할 때, 선택한 두 집합이 서로 같지 않은 경우의 수를 구하시오. [2018대수능 6월 27번]

문제6)

1부터 6까지의 자연수가 하나씩 적혀 있는 장의 카드가 있다. 이 카드를 모두 한 번씩 사용하여 일렬로 나열할 때, 2가 적혀 있는 카드는 4가 적혀 있는 카드보다 왼쪽에 나열하고 홀수가 적혀 있는 카드는 작은 수부터 크기 순서로 왼쪽부터 나열하는 경우의 수를 구하여라.

(1) 6명을 1명, 2명, 3명으로 조를 짜는 경우의 수

⇨ i) 6명에서 1명을 먼저 뽑아 한 조를 만드는 경우의 수는 $_6C_1$

   ii) 나머지 5명에서 2명을 뽑아 한 조를 만드는 경우의 수 $_5C_2$

   iii) 나머지 3명에서 3명을 뽑아 한 조를 만드는 경우의 수 $_3C_3$

   위 i)~iii)이 동시에 세트로 일어나야 전체 사건이 완성이 되므로 $_6C_1 \times _5C_2 \times _3C_3$

(2) 6명을 2명, 2명, 2명으로 조를 짜는 경우의 수

⇨ i) 6명에서 2명, 2명, 2명을 뽑아 한 조를 만드는 경우의 수는 각각 $_6C_2 \times _4C_2 \times _2C_2$

   ii) 그런데, 이 경우의 수 안에는 오른쪽 표에서 보듯이

   $6 = 3!$의 경우의 수가 모두 같은 조를 구성한다. 왜냐하면 3개의 조의

   구성원의 수가 모두 같으므로 3개의 조가 순서대로 바꿔서는 순열의

   수 만큼 같은 조가 복사된다.

   iii) 구하는 경우의 수는 $_6C_2 \times _4C_2 \times _2C_2 \times \dfrac{1}{3!}$

$_6C_2$ $\times$	$_4C_2$ $\times$	$_2C_2$
A,B	C,D	E,F
A,B	E,F	C,D
C,D	E,F	A,B
C,D	A,B	E,F
E,F	A,B	C,D
E,F	C,D	A,B

추가TIP

조를 구성하는 경우의 수

서로 다른 n개를 p개, q개, r개의 3개 조로 분할하는 방법의 수는 (단, $p+q+r=n$)

① p, q, r가 모두 다른 수일 때, $_nC_p \times _{n-p}C_q \times _rC_r$

② p, q, r 중에서 같은 수가 k개일 때, $_nC_p \times _{n-p}C_q \times _rC_r \times \dfrac{1}{k!}$

예 8명의 학생을 1명, 3명, 4명으로 3개의 조를 구성하는 경우의 수는 $_8C_1 \times _7C_3 \times _4C_4 = 280$이다.

예 8명의 학생을 4명, 4명으로 2개의 조를 구성하는 경우의 수는 $_8C_4 \times _4C_4 \times \dfrac{1}{2!} = 35$이다.

예 8명의 학생을 2명, 2명, 2명, 2명으로 4개의 조를 구성하는 경우의 수는

$_8C_2 \times _6C_4 \times _4C_2 \times _2C_2 \times \dfrac{1}{4!}$이다.

예 8명의 학생을 3명, 3명, 2명으로 3개의 조를 구성하는 경우의 수는 $_8C_2 \times _6C_3 \times _3C_3 \times \dfrac{1}{2!}$ 이다.

예제8) 분할과 분배

여학생 5명과 남학생 6명을 4개의 방에 배정하려고 한다. 여학생은 1호실에 3명, 2호실에 2명을 배정하고, 남학생은 3호실과 4호실에 각각 3명씩 배정하는 방법의 수를 구하여라.

풀이 여학생을 배열하는 경우의 수는 1호실에 배정할 3명만 뽑으면 나머지 2명은 자동으로 2호실에 들어가므로 그 경우의 수는 $_5C_3$이고, 남학생을 3,4호실에 배정하는 경우의 수는 3호실에 배정될 3명만 뽑으면 되므로 $_6C_3$이다. 따라서 구하는 경우의 수는 $_5C_3 \times _6C_3 = 200$(가지)이다.

답 200

문제7) 분할과 분배

학생 6명을 4인실 방 두 개에 배정하는 경우의 수를 구하여라.(두 방은 구분된다)

예제9) 분할과 분배

두 집합 $X=\{a, b, c, d, e\}$, $Y=\{1, 2, 3\}$에 대하여 함수 $f : X \to Y$의 치역과 공역이 일치하는 경우는 몇 개인지 구하여라.

풀이 구하는 함수의 개수는 정의역을 3개의 부분집합(공집합이 아님)으로 분할하고 이를 공역의 원소 3개에 분배해주는 경우의 수이다. 우선 정의역을 공집합이 아닌 3개의 부분집합으로 분할하는 경우의 각 부분집합의 원소의 개수는 1, 2, 2 또는 1, 1, 3이고 이렇게 분할하는 경우의 수는 다음과 같다.

$$_5C_1 \times {}_4C_2 \times {}_2C_2 \times \frac{1}{2!} + {}_5C_3 = 25$$

이제 위 분할한 각 경우를 공역의 세 개의 원소에 대응시키는 경우의 수는 3!이므로 구하는 경우의 수는 $25 \times 3! = 150$이다.

답 150

문제8) 분할과 분배

두 집합 $X=\{a, b, c, d, e\}$, $Y=\{1, 2, 3\}$에 대하여 함수 $f : X \to Y$ 중 다음 조건을 만족하는 함수 f의 개수를 구하여라.

(가) $f(c)=2$

(나) $\{f(x) | x \in X\} = Y$

예제10)

아래 그림과 같은 대진표대로 경기하는 방법의 수를 구하여라.

(1)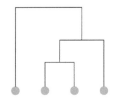

(2)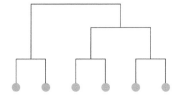

풀이 (1) 조합을 이용하여 분할을 하면 다음과 같이 구할 수 있다. $_4C_2 \times _2C_1 \times _1C_1 = 12$(가지)

다른 방법으로는 전체 4개 팀을 대진표의 각 위치에 배열을 하면 4!의 가지의 수가 있고,

이때, 가운데 두 팀이 바꿔서는 경우는 무시해야 하므로 2!으로 단위화를 해야 한다. 즉,

$$\frac{4!}{2!} = 12(가지)$$

(2) 조합을 이용하여 분할을 하면 다음과 같이 구할 수 있다.

$$_6C_2 \times _4C_4 \times _4C_2 \times \frac{1}{2!} = 45(가지)$$

이를 순열을 이용하면 전체 6개의 팀을 배열한 뒤, 각 2개의 팀이 바꾸어 서는 경우인 2!을 세 번

나누어 주어야 하고, 오른쪽 4개의 팀에서 2팀씩 바꿔서는 경우의 수도 나누어주어야 하므로

$$\frac{6!}{2^4} = 45(가지)로 구할 수 있다.$$

📄 45

문제9)

아래 그림과 같은 대진표대로 경기하는 방법의 수를 구하여라.

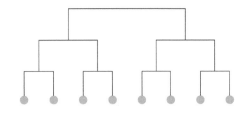

추가TIP

(1) (뉴턴 공식 : Newton's identity)

$$_nC_m \times {}_mC_k = {}_nC_k \times {}_{n-k}C_{m-k}$$

(2) (방데르몽드 공식 : Vandermonde convolution)

$$\sum_{k=0}^{r} ({}_nC_k \times {}_mC_{r-k}) = {}_{n+m}C_r$$

예 (뉴턴 공식) 우리나라 축구 국가대표 감독[10]의 입장이 되어 생각해보자. 국가대표를 뽑기 위한 후보가 30명이 있다고 할 때, 30명 중에서 11명의 대표를 고른 후, 이 국가대표 선수 중에서 공격수 2명을 뽑는 경우의 수는 $_{30}C_{11} \times {}_{11}C_2$이다. 그리고 이 사건의 경우의 수는 다음과 같이 구할 수도 있다. 후보 30명 중에서 국가대표인 공격수 2명을 먼저 뽑고, 남은 28명 중에서 남은 포지션의 국가대표 선수 9명을 뽑는 경우의 수인 $_{30}C_2 \times {}_{28}C_9$로 구할 수도 있다.

예 (방데르몽드 공식) 남자 8명, 여자 7명인 집합에서 3명의 대표를 뽑는 경우의 수 $_{15}C_3$는 남자를 0명 뽑으면 여자를 3명, 남자를 1명 뽑으면 여자를 2명, 남자를 2명 뽑으면 여자는 1명, 남자를 3명 뽑으면 여자는 0명 뽑는 경우를 모두 합하면 되므로 이는 $\sum_{k=0}^{3} {}_8C_k \times {}_7C_{3-k}$이고, 다음을 얻는다.

$$_{15}C_3 = \sum_{k=0}^{3} {}_8C_k \times {}_7C_{3-k}$$

예제11) 뉴턴 공식, 방데르몽드 공식

20명이 정원인 한 동아리에서 3명의 대표를 뽑고 그 가운데서 2명이 대회를 나간다고 할 때, 그 방법의 수를 구하고 뉴턴 공식이 성립함을 확인하여라.

풀이 $_{20}C_3 \times {}_3C_2 = 3420$, $_{20}C_2 \times {}_{20-2}C_{3-2} = 3420$으로 서로 같다.

답 풀이참조

---

10) 저자는 스알못이지만, 보통 영재고에서 수업을 하면서 이 내용을 가르칠 때에는 이 예시를 늘 사용해왔다. 물론 이 예시를 사용할 때마다 한 팀으로 뛰는 축구 선수가 몇 명인지 늘 학생들에게 물어보곤 했다. +_+

문제10) 뉴턴의 공식, 방데르몽드 공식

다음 각 등식에서 x, y의 값을 구하여라.

(1) $_{25}C_8 \times {_8}C_5 = {_{25}}C_5 \times {_x}C_3$

(2) $\sum_{k=0}^{5} ({_5}C_k \times {_8}C_{5-k}) = {_y}C_5$

문제11) 뉴턴 공식, 방데르몽드 공식

어느 가게에서 판매하는 세트메뉴는 한식 6종류와 일식 4종류 중 3개를 선택한다고 할때, 세트메뉴를 구성하는 모든 경우의 수를 구하시오.

중복조합

앞에서는 '서로 다른 n개에서 순서를 고려하지 않고 r개를 뽑는 경우의 수'를 조합의 수라고 배웠는데, 이 번에는 대표를 뽑을 때 n개의 대상에서 중복을 허용하여 r개를 뽑는 경우인 '중복조합'에 대해서 알아볼 거야. 그리고 중복조합으로 적용되는 모든 유형에 대해서는 한꺼번에 정리해보자.

───────── 생각열기 ─────────

(1) 중복조합(Homogeneous)과 중복조합의 수

예 세 명의 사람 A, B, C 중에서 '중복을 허용하여' 두 명을 뽑는 경우는 아래와 같이 여섯가지이다.

$$AA, BB, CC, AB, BC, AC$$

이를 기호로 $_3H_2$로 나타내며 $_3H_2=6$이다. 일반적으로

서로 다른 n개에서 중복을 허용하여 r개를 택하는 조합(순서를 고려하지 않음)을 중복조합이라고 하고 그 경우의 수를 **기호로 $_nH_r$이라고 쓴다.**

$_nH_r$을 구하는 문제는 '책장문제'라고도 불리는 아래의 문제를 통해 해결할 수 있다.

예 3칸으로 구성된 책장에 크기와 모양이 같은 5권의 책을 꽂는 방법의 수를 구해보자. 책장의 3칸을 A, B, C로 이름을 붙이면 5권의 책을 꽂는 몇 가지의 예시는 아래와 같다.

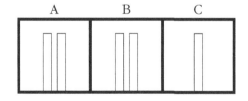
또는
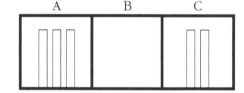

즉, 3칸으로 구성된 책장에 5권의 책을 꽂는 방법의 수는 A, B, C에서 중복을 허용하여 5회 선택하는 경우의 수이므로 $_3H_5$이다. 이제 이렇게 책을 꽂는 경우를 다음의 경우처럼 '네모 5개와 칸막이 2개의 순열'로 일대일대응 시킬 수 있다.[11]

---

11) '두 유한집합 X, Y사이에 일대일대응 f가 존재하면 $n(X)=n(Y)$'임은 경우의 수를 구할 때 자주 사용된다. 즉, 사건 X의 경우의 수는 사건 Y의 경우의 수를 구하는 것으로 대체할 수 있다는 것이다.

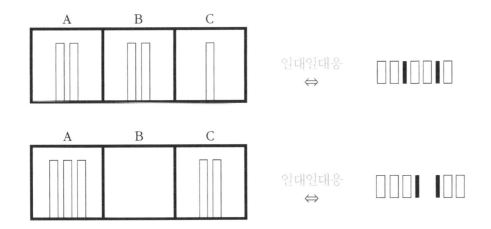

즉, 구하는 경우는 □□□□□▌▌의 순열과 일대일대응이 된다. 이때, A, B, C의 3종류에서 선택할 것이므로 칸막이의 수가 (3-1)개 필요함을 기억하자. 따라서 구하는 경우의 수는 같은 것이 있는 순열을 이용하면

$\dfrac{\{5+(3-1)\}!}{5!(3-1)!} = {}_{5+(3-1)}C_5$이므로 ${}_3H_5 = {}_{5+(3-1)}C_5$이다.

이를 일반화하면,

서로 다른 n개의 대상 $A_1, A_2, \cdots, A_n$에서 중복을 허용하여 r개를 택하는 경우의 수는

n개의 종류를 구분하기 위해 $(n-1)$개의 칸막이가 필요하므로 결국, $(n-1)$개의 칸막이와 r개의 책의 같은 것이 있는 순열이다. 즉,

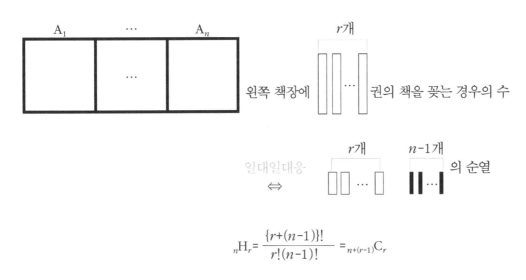

$$ {}_nH_r = \dfrac{\{r+(n-1)\}!}{r!(n-1)!} = {}_{n+(r-1)}C_r $$

1. 중복조합

(1) 중복조합(Homogeneous)

: 서로 다른 n개 중에서 중복을 허용하여 r개를 택하는 조합

(2) 중복조합의 수

: 서로 다른 n개 중에서 중복을 허용하여 r개를 택하는 조합의 수는

$$_n H_r = {}_{n+(r-1)} C_r$$

예 김밥, 떡볶이, 순대에서 중복을 허용하여 다섯 개의 야식을 주문하는 경우의 수는 $_3 H_5 = {}_{3+5-1} C_5 = 21$가지이다.

Warning) 앞 예시에서 본 $_3 H_5$처럼 $_n H_r$에서 $n < r$일 수 있음에 유의하자.

추가TIP

중복조합을 이용하는 유형

다음은 서로 일대일대응이 되는 사건들을 나열한 것이다.

(1) 서로 다른 3개의 물건 중에서 중복을 허용하여 5개를 택하는 경우의 수

(2) 방정식 $x+y+z=5$의 음이 아닌 정수해의 개수

(2)* 방정식 $x+y+z=8$의 양의 정수해의 개수

(3) 다항식 $(a+b+c)^5$의 전개식에서 나오는 서로 다른 항의 개수

(4) 다음 조건을 만족하는 함수 $f : \{a, b, c, d, e\} \rightarrow \{1, 2, 3\}$의 개수

$$1 \leq f(a) \leq f(b) \leq f(c) \leq f(d) \leq f(e) \leq 3$$

(5) 부등식 $x+y \leq 5$의 음이 아닌 정수해의 개수

(6) 서로 다른 세 종류의 상자 X, Y, Z에 같은 모양의 5개의 공을 넣는 경우의 수 (단, 빈 상자 허용)

(6)' 서로 다른 세 종류의 상자 X, Y, Z에 같은 모양의 8개의 공을 넣는 경우의 수 (단, 빈 상자 허용 하지 않음)

위 경우의 수가 모두 $_3 H_5 = 21$로 같다. 이를 일반화하면 다음과 같다.

중복조합을 이용하는 유형

다음을 서로 일대일대응이 되는 사건들을 나열한 것이다.

(1) 서로 다른 n개의 물건 중에서 중복을 허용하여 r개를 택하는 경우의 수

(2) 방정식 $x_1+x_2+\cdots+x_n=r$의 음이 아닌 정수해의 개수

(2)* 방정식 $x_1+x_2+\cdots+x_n=r+n$의 양의 정수해의 개수

(3) 다항식 $(a_1+a_2+\cdots+a_n)^r$의 전개식에서 나오는 서로 다른 항의 개수

(4) 다음 조건을 만족하는 함수 $f:\{a_1,a_2,\cdots,a_r\}\rightarrow\{1,2,\cdots,n\}$의 개수

$$1\leq f(a_1)\leq f(a_2)\leq\cdots\leq f(a_r)\leq n$$

(5) 부등식 $x_1+x_2+\cdots+x_{n-1}\leq r$의 음이 아닌 정수해의 개수

(6) 서로 다른 n개의 상자 $X_1, X_2, \cdots, X_n$에 같은 모양의 r개의 공을 넣는 경우의 수 (단, 빈 상자 허용)

(6)* 서로 다른 n개의 상자 $X_1, X_2, \cdots, X_n$에 같은 모양의 $r+n$개의 공을 넣는 경우의 수 (단, 빈 상자 허용 하지 않음)

위 경우의 수가 모두 $_nH_r$로 같다.

예제1) 중복조합(1)

어느 과일가게에서 사과, 배, 감 세 종류의 과일 10개로 한 개의 과일바구니를 만드는 경우의 수를 구하여라. (단, 선택하지 않은 과일이 있어도 된다.)

풀이 $_3H_{10} = {}_{12}C_{10} = 66$ (가지)

문제1) 중복조합(1)

어느 야채 가게에서 호박, 당근, 감자, 파 네 종류의 야채 8개를 사는 경우의 수를 구하여라.
(단, 선택하지 않은 야채가 있어도 된다.)

예제2) 중복조합(2)

다음 방정식의 음이 아닌 정수해의 개수를 구하여라.

(1) $x+y+z+w=6$

(2) $x+y+z+2w=7$

풀이 (1) $_4H_6 = {}_9C_6 = 84$

(2) w의 각 값에 음이 아닌 해를 대입하여 경우의 수를 구해보면 아래와 같다.

$w=0 \implies {}_3H_7 = {}_9C_7 = 36$,

$w=1 \implies {}_3H_5 = {}_7C_5 = 21$,

$w=2 \implies {}_3H_3 = {}_5C_3 = 10$,

$w=3 \implies {}_3H_1 = {}_3C_1 = 3$ 이므로 구하는 경우의 수는 70가지이다.

참고 (1) 방정식의 양의 정수해(자연수해)는 $_4H_2$이다.

(2)의 방정식의 양의 정수해(자연수해)는 W의 각 값에 자연수를 대입하여 아래와 같이 구할 수 있다.

$w=1 \implies {}_3H_2 = 6$

$w=2 \implies {}_3H_0 = 1$, 따라서 구하는 경우의 수는 7(가지)이다.

답 (1)84 (2)70

문제2) 중복조합(2)

방정식 $x+y+z^2=7$의 양의 정수해의 개수를 구하여라.

예제3) 중복조합(2)

방정식 $x+y+z=11$, $x \geq 2$, $y \geq 1$, $z \geq 3$의 서로 다른 정수해의 개수를 구하여라.

풀이 x, y, z 세개의 문자에서 11개를 택할때, 문자 x는 2개를, y는 1개를, z는 3개를 미리 택한 뒤, $\{11-(2+1+3)\}$개의 문자만 추가로 중복을 허용하여 택하면 된다. 즉, $_3H_5 = 21$(가지)이다

답 21

문제3) 중복조합(2)

방정식 $x+y+z=11$, $x \leq 2$, $y \geq 1$, $z \geq 3$의 서로 다른 양의 정수 해의 개수를 구하여라.

예제4) 중복조합(2)

자연수 n에 대하여 방정식 $x+y+z=n$을 만족하는 양의 홀수해의 개수가 21일 때, 자연수 n의 값을 구하여라.

풀이 $x=2x'+1, y=2y'+1, z=2z'+1$ $(x', y', z' \geq 0$인 정수)라고 두면

$2(x'+y'+z')+3=n$에서 주어진 방정식의 양의 정수해는 방정식 $x'+y'+z'=\dfrac{n-3}{2}$의 음이 아닌 정수해

의 개수를 구하는 것과 같다. 따라서 $3^H{}_{\frac{n-3}{2}}=21$에서 $n=13$임을 알 수 있다.

답 13

문제4) 중복조합(2)

방정식 $x+y+z+u+v=14$을 만족하는 양의 짝수해의 개수를 구하여라.

예제5) 중복조합(3)

다항식 $(x+y+z+w)^7$의 전개식에서 서로 다른 항의 개수를 구하여라.

풀이 전개식을 동류항끼리 묶어 정리하면 일반항은 계수를 생략하여 $x^X y^Y z^Z w^W$꼴이다. (일반항에 대한 계수를 구하는 방법 등은 뒤 '다항정리'에서 배운다.) 따라서 $X+Y+Z+W=7$의 음이 아닌 정수해의 개수와 같으므로 $_4H_7=_{10}C_7=120$(개)이다.

답 120

문제5) 중복조합(3)

다항식 $(x+2y+3z+4w)^5$의 전개식에서 서로 다른 항의 개수를 구하여라.

예제6) 중복조합(3)

서로 다른 소수 p, q, r에서 중복을 허락하여 7개를 뽑아 곱하여 정수를 만들고자 한다. 다음 물음에 답하여라.

(1) 서로 다른 정수를 만들 수 있는 모든 경우의 수를 구하여라.

(2) (1)에서 구한 서로 다른 정수를 모두 곱하면 $(pqr)^n$이 된다. 양의 정수 n을 구하여라.

풀이   (1) ${}_3H_7 = {}_9C_7 = 36$

(2) (1)에서 구한 서로 다른 항은 $p^x q^y r^z$꼴의 형태이고 이때, $0 \leq x, y, z \leq 7$이며 $x+y+z=7$이므로 모든 $p^x q^y r^z$의 항들을 곱하면 각 $p^x q^y r^z$항의 안에 있는 7개의 문자를 ${}_3H_7 = {}_9C_7 = 36$번 곱하게 되는 것이므로 모든 곱에 속한 문자들은 총 ${}_3H_7 \times 7$개가 들어있다. 이때, 이 문자들의 곱에 각 p, q, r은 동등하게 들어있으므로 구하는 $n = \dfrac{{}_3H_7 \times 7}{3} = 84$이다.

답   (1) 36   (2) 84

문제6) 중복조합(3)

서로 다른 세 문자 a, b, c에서 중복을 허락하여 5개를 뽑아 곱하였다. 다음 물음에 답하여라.

(1) 각 문자에 대한 일차 이상의 식이 되도록 하는 경우의 수를 구하여라.

(2) (1)에서 구한 서로 다른 항을 곱하면 $(abc)^n$이 된다고 할 때, 양의 정수 n의 값을 구하여라.

> **예제7) 중복조합(4)**
>
> 두 집합 $X=\{1, 2, 3, 4\}$, $Y=\{5, 6, 7, 8, 9, 10\}$에 대하여, 다음을 구하여라.
>
> (1) X에서 Y로의 함수의 개수
>
> (2) X에서 Y로의 일대일함수의 개수
>
> (3) $i < j$일 때, $f(i) < f(j)$인 함수의 개수
>
> (4) $i < j$일 때, $f(i) \leq f(j)$일 때, 인 함수의 개수

풀이

(1) 구하는 함수의 개수는 순서쌍 $(f(1), f(2), f(3), f(4))$의 경우의 수와 같다. 즉, $f(i)(i=1, 2, 3, 4)$는 5, 6, 7, 8, 9, 10에서 중복허용한 순열이므로 구하는 경우의 수는 $_6\Pi_4 = 6^4$(가지)이다.

(2) 구하는 함수의 개수는 순서쌍 $(f(1), f(2), f(3), f(4))$의 원소 $f(i)$를 5, 6, 7, 8, 9, 10에서 4개를 택하여 나열한 순열이므로 $_6P_4 = 6 \times 5 \times 4 \times 3 = 360$(가지)이다.

(3) $f(i) < f(j)$와 같이 순서가 정해지면, '순서를 고려할 수 없으므로' $\{5, 6, 7, 8, 9, 10$에서 $f(i)$가 될 수 있는 원소 4개를 택하기만 하면 된다. (또한, 4개의 $f(i)$를 택한 뒤에 $f(i)$에 자동으로 대응된다.) 따라서 $_6C_4 = 15$(가지)이다.

(4) $f(i) < f(j)$와 같이 순서가 정해지면, 조합이고, $f(i) = f(j)$와 같이 '중복'이 될 수 있으므로 순서쌍 $(f(1), f(2), f(3), f(4))$를 구성하는 경우의 수는 중복조합이다. 따라서 $_6H_4 = _9C_4 = 126$(가지)이다.

답
(1) $_6\Pi_4 = 6^4$

(2) $_6P_4 = 6 \times 5 \times 4 \times 3 = 360$

(3) $_6C_4 = 15$

(4) $_6H_4 = _9C_4 = 126$

> **문제7) 중복조합(4)**
>
> $3 \leq a \leq b \leq c \leq d \leq 10$을 만족시키는 자연수 a, b, c, d의 모든 순서쌍 (a, b, c, d)의 개수는?
>
> [2014 대수능 9월 10번]

예제8) 중복조합(5)

부등식 $x+y+z \leq 5$의 음이 아닌 정수해의 개수를 구하여라.

풀이 (방법1) 부등식 $x+y+z \leq 5$의 음이 아닌 정수해의 개수는 음이 아닌 정수 w에 대하여 방정식

$x+y+z+w=5$의 음이 아닌 정수해의 개수와 같다. 따라서 $_4H_5 = {}_8C_5 = 56$(개)이다.

(방법2) 방정식 $x+y+z=5$의 해의 개수는 $_3H_5$,

방정식 $x+y+z=4$의 해의 개수는 $_3H_4$, $\cdots$ 방정식 $x+y+z=0$의 해의 개수는 $_3H_0$이고,

이들을 모두 더하면 $_3H_0 + {}_3H_1 + \cdots + {}_3H_4 + {}_3H_5 = {}_2C_0 + {}_3C_1 + \cdots + {}_7C_5 = {}_8C_5 = 56$

(마지막 등식 $_2C_0 + {}_3C_1 + \cdots + {}_7C_5 = {}_8C_5$는 뒤에서 '하키스틱 법칙'으로 배운다.)

답 56

문제8) 중복조합(5)

부등식 $x+y+2z \leq 11$의 양의 정수해의 개수를 구하여라.

예제9) 중복조합(6)

사과, 감, 배, 귤 네 종류의 과일 중에서 8개를 선택하려고 한다. 사과는 1개 이하를 선택하고, 감, 배, 귤은 각각 1개 이상을 선택하는 경우의 수를 구하시오. (단, 각 종류의 과일은 8개 이상씩 있다.) [2017 대수능 6월 27번]

풀이   사과를 0개 선택하는 경우, 감, 배, 귤에서 8개를 택해야 하며 이때, 각 과일을 1개씩 미리 선택했으므로 $8-3=5$개만 더 택하면 된다. 이 경우의 수는 $_3H_5=21$(가지)이다. 사과를 1개 선택하는 경우, 감, 배, 귤에서 7개를 선택해야 하고, 각 과일을 미리 한 개씩 선택했으므로 $7-3=4$개만 더 중복하여 택하면 되고 이 경우의 수는 $_3H_4=15$(가지)이다. 따라서 구하는 경우의 수는 $21+15+36$(가지)이다.

문제9) 중복조합(6)

각 자리의 수가 0이 아닌 네 자리의 자연수 중 각 자리의 수의 합이 7인 모든 자연수의 개수는? [2018 대수능 9월 15번]

추가TIP

중복조합과 중복순열의 구분

(1) 서로 <u>다른</u> 공 r개를 서로 다른 상자 n개에 나누어 담는 경우의 수(빈 상자 허용)

⇨ 중복순열 $_n\Pi_r$

(2) 서로 <u>같은</u> 공 r개를 서로 다른 상자 n개에 나누어 담는 경우의 수(빈 상자 허용)

⇨ 중복조합 $_n\mathrm{H}_r$

예제10) 중복조합과 중복순열의 구분

다음의 경우의 수를 구하여라.

(1) 빨간색, 노란색, 파란색 공을 6개 택하는 경우의 수를 구하시오. (단, 모든 공은 충분히 있고 선택되지 않은 공이 있을 수 있다.)

(2) 빨간색, 노란색, 파란색 공을 두 상자 A, B에 넣는 경우의 수를 구하시오. (단, 빈 상자가 있을 수 있다)

풀이　(1) $_3\mathrm{H}_6 = 28$

(2) $_2\Pi_3 = 2^3 = 8$

문제10) 중복조합과 중복순열의 구분

과일 5개를 3개의 그릇 A, B, C에 남김없이 담으려고 할 때, 그릇 A에는 과일 2개만 담는 경우의 수는? (단, 과일을 하나도 담지 않은 그릇이 있을 수 있다.)

(1) 서로 다른 과일인 경우, 나누어 담는 경우의 수를 구하여라.

(2) 서로 같은 과일인 경우, 나누어 담는 경우의 수를 구하여라.

조합

1. 그림과 같이 한 변의 길이가 2인 정사각형을 한 변의 길이가 1인 정사각형으로 네 등분하여 2개만 남겨 만든 도형의 7개의 꼭짓점 중 3개의 점이 삼각형을 이루는 경우의 수를 a, 직각삼각형을 만드는 경우의 수를 b라고 할 때, 두 상수 a, b의 값을 구하여라.

2. 다음 조건을 만족시키는 자연수 a, b, c의 모든 순서쌍 (a, b, c)의 개수를 구하여라.

(가) $a \times b \times c$는 홀수이다.

(나) $a < b < c < 20$

3. 1부터 100까지의 자연수 중 서로 다른 세 정수를 뽑을 때, 다음 경우의 수를 구하여라.

(1) 세 정수의 합이 짝수

(2) 세 정수의 합이 3의 배수

4. 다음 물음에 답하여라.

(1) 크기와 모양이 같은 빨간 공 n개와 파란 공 n개에는 각각 1부터 n까지의 번호가 하나씩 적혀있다. 이들 $2n$개의 공에서 n개를 뽑는데, 빨간 공은 r개만을 포함하여 뽑는 방법의 수를 구하여라. (단, $r \leq n$)

(2) 위 (1)의 결과를 이용하여 다음 식을 증명하라.

$$_{2n}C_n = {_n}C_0^2 + {_n}C_1^2 + {_n}C_2^2 + \cdots + {_n}C_n^2$$

(3) 위 (2)의 성질을 이용하여 다음 식의 값을 하나의 조합으로 표현하라.

$$_{20}C_{20} \times {_{20}}C_0 + {_{20}}C_{19} \times {_{20}}C_1 + {_{20}}C_{18} \times {_{20}}C_2 + \cdots + {_{20}}C_0 \times {_{20}}C_{20}$$

5. 집합 $X = \{1, 2, 3, 4\}$의 공집합이 아닌 모든 부분집합 15개 중에서 임의로 서로 다른 세 부분집합을 뽑아 임의로 일렬로 나열하고, 나열된 순서대로 A, B, C라 할 때, $A \subset B \subset C$인 경우의 수를 구하여라.

6. 자연수 n에 대하여 다항식 $(a+b+c)^n$의 전개식 중, 각 문자 a, b, c를 한 개 이상씩 포함하는 서로 다른 항의 개수가 28개일 때, n의 값을 구하시오.

7. 세 정수 a, b, c에 대하여

$$1 \leq |a| \leq |b| \leq |c| \leq 5$$

를 만족시키는 모든 순서쌍 (a, b, c)의 개수는? [2016대수능 11월 14번]

8. 다음 조건을 만족시키는 음이 아닌 정수 a, b, c, d, e의 모든 순서쌍 (a, b, c, d, e)의 개수는?
[2016대수능 11월 17번]

> (가) a, b, c, d, e 중에서 0의 개수는 2이다.
> (나) $a+b+c+d+e=10$

9. 방정식 $x+y+z+5w=14$를 만족시키는 양의 정수 x, y, z, w의 모든 순서쌍 (x, y, z, w)의 개수는? [2017 대수능 6월 14번]

10. 연립방정식

$$\begin{cases} x+y+z+3w=14 \\ x+y+z+w=10 \end{cases}$$

을 만족시키는 음이 아닌 정수 x, y, z, w의 모든 순서쌍 (x, y, z, w)의 개수는? [2015대수능 11월 18번]

11. 방정식 $a+b+c=9$를 만족시키는 음이 아닌 정수로 구성된 순서쌍 (a, b, c)가 $a<2$ 또는 $b<2$를 만족시키는 경우의 수를 구하시오. [2019대수능 9월 28번 변형]

12. 방정식 $x+y+z=10$을 만족시키는 음이 아닌 정수 x, y, z의 모든 순서쌍 (x, y, z)중에서 임의로 한 개를 선택한다. 선택한 순서쌍 (x, y, z)가 $(x-y)(y-z)(z-x) \neq 0$을 만족시키는 경우의 수를 구하시오. [2018대수능 11월 28번]

13. 다음 조건을 만족시키는 음이 아닌 정수 x_1, x_2, x_3, x_4의 모든 순서쌍 (x_1, x_2, x_3, x_4)의 개수는? [2020대수능 6월 19번]

(가) $n=1, 2, 3$일 때, $x_{n+1}-x_n \geq 2$
(나) $x_4 \leq 12$

14. 다음 조건을 만족시키는 음이 아닌 정수 x, y, z의 모든 순서쌍 (x, y, z)의 개수는?

[2018대수능 9월 16번]

(가) $x+y+z=10$
(나) $0<y+z<10$

15. 다음 조건을 만족시키는 음이 아닌 정수 a, b, c, d의 모든 순서쌍 (a, b, c, d)의 개수는?

[2016대수능 9월 19번]

> (가) $a + b + c + 3d = 10$
>
> (나) $a + b + c \leq 5$

16. 흰 색 탁구공 8개와 주황색 탁구공 7개를 3명의 학생에게 남김없이 나누어 주려고 한다. 각 학생이 흰 색 탁구공과 주황색 탁구공을 각각 한 개 이상 갖도록 나누어 주는 경우의 수를 구하여라. (단, 같은 색의 탁구공은 서로 구별하지 않는다.)

[2014대수능 11월 18번]

17. 서로 같은 과일 7개를 4개의 그릇 A, B, C, D에 남김없이 담으려고 할 때, 그릇 A에는 과일 2개이상 담는 경우의 수는? (단, 과일을 하나도 담지 않은 그릇이 있을 수 있다.)

18. 서로 다른 종류의 연필 5자루를 4명의 학생 A, B, C, D에게 남김없이 나누어주는 경우의 수는?(단, 연필을 하나도 받지 못하는 학생이 있을 수 있다.) [2016대수능 9월 6번]

19. 서로 **다른** 공 4개를 남김없이 서로 다른 상자 3개에 나누어 넣는 경우의 수는? (단, 공을 하나도 넣지 않은 상자가 있을 수 있다.) [2018대수능 11월 18번 변형]

20. 서로 **다른** 공 4개를 남김없이 서로 다른 상자 3개에 나누어 넣는 경우의 수는? (단, 공을 하나도 넣지 않은 상자는 없다.) [2018대수능 11월 18번 변형]

21. 네 명의 학생 A, B, C, D에게 같은 종류의 초콜릿 8개를 다음 규칙에 따라 남김없이 나누어 주는 경우의 수는? [2019대수능 11월 12번]

(가) 각 학생은 적어도 1개의 초콜릿을 받는다.
(나) 학생 A는 학생 B보다 더 많은 초콜릿을 받는다.

22. 검은색 볼펜 1자루, 파란색 볼펜 4자루, 빨간색 볼펜 4자루가 있다. 이 9자루의 볼펜 중에서 5자루를 선택하여 2명의 학생에게 남김없이 나누어 주는 경우의 수를 구하시오. (단, 같은 색 볼펜끼리는 서로 구별하지 않고, 볼펜 자루도 받지 못하는 학생이 있을 수 있다.) [2021년 6월 모평 29번]

23. 흰 공 4개와 검은 공 6개를 세 상자 A, B, C에 남김없이 나누어 넣을 때, 각 상자에 공이 2개 이상씩 들어가도록 나누어 넣는 경우의 수를 구하시오. (단, 같은 색 공끼리는 서로 구별하지 않는다.) [2021년 9월 모평 29번]

24. 네 명의 학생 A, B, C, D에게 검은색 모자 6개와 흰색 모자 6개를 다음 규칙에 따라 남김없이 나누어 주는 경우의 수를 구하시오. (단, 같은 색 모자끼리는 서로 구별하지 않는다.)

[2021년 11월대수능 29번]

(가) 각 학생은 1개 이상의 모자를 받는다.
(나) 학생 A가 받는 검은색 모자의 개수는 4이상이다.
(다) 흰색 모자보다 검은색 모자를 더 많이 받는 학생은 A를 포함하여 2명뿐이다.

분할

분할

분할은 다음의 총 3가지 종류가 있어.

(1) 자연수의 분할 (2) 조 구성하기 (3) 집합의 분할(제2종 스털링 수: Stirling Number of 2nd kind)

이 세 가지 중에서 (2)번은 (3)을 위한 사전 개념이 되기도 하고 조합의 활용으로 나오는 다양한 문제에 등장하기도 해. 그리고 (1)번의 자연수의 분할을 정확하게 공부해야 (3)번의 집합의 분할을 할 때, 도움이 되니 자연수의 분할부터 제대로 살펴보자.

생각열기

(1) 자연수의 분할

✓ 자연수 4를 두 개의 자연수의 합으로 나타내는 경우는 다음과 같다.

$$4=3+1 \text{ 또는 } 4=2+2$$

덧셈의 교환법칙에 의해 $4=3+1=1+3$이 성립하는데

자연수 4를 두 개의 자연수의 합으로 나타내는 서로 다른 경우를 생각할 때, $3+1=1+3$을 하나의 경우로 생각한다. 즉, 3, 1의 순서를 고려하지 않는다는 것인데, 이는 순서를 부여한다는 것이므로 다음과 같이 표현할 수 있다.

$$4=a_1+a_2 (a_1 \geq a_2)$$

이때, $4=2+2$와 같이 두 수의 합이 4가 되면서 같은 수일 수 있으므로 $a_1=a_2$처럼 등호가 들어간다. 이처럼 자연수 N을 k개의 자연수의 합으로 나타내는 것은 다음과 같고

$$N=a_1+a_2+\cdots a_k (a_1 \geq a_2 \geq \cdots \geq a_k)$$

이를 자연수 N의 k개 분할이라 하고 그 경우의 수를 기호로 $P(N, k)$라고 나타낸다.

✓ 자연수 5를 여러 개의 자연수의 합으로 나타내보자.

① 다섯 개의 자연수의 합으로 나타내기

　　⇨ $5=1+1+1+1+1$　　⟹ $P(5, 5)=1$

② 네 개의 자연수의 합으로 나타내기

　　⇨ $5=2+1+1+1$　　⟹ $P(5, 4)=1$

③ 세 개의 자연수의 합으로 나타내기

　　⇨ $5=3+1+1=2+2+1$　⟹ $P(5, 3)=1$

④ 두 개의 자연수의 합으로 나타내기

　　⇨ $5=4+1=3+2$　　⟹ $P(5, 2)=1$

⑤ 한 개의 자연수의 합으로 나타내기

　　⇨ $5=5$　　　　⟹ $P(5, 1)=1$

1. 자연수의 분할

(1) 자연수의 분할

: 어떤 자연수를 순서를 생각하지 않고 몇 개의 자연수의 합으로 나타내는 것을 자연수의 분할이라 한다. 즉, 자연수 N의 k개 분할은 다음과 같다.

$$N=a_1+a_2+\cdots a_k(a_1\geq a_2\geq\cdots\geq a_k)$$

(2) 자연수의 분할의 수

: 자연수 N을 $k(1\leq k\leq N)$개의 자연수로 분할하는 방법의 수를 기호로 다음과 같이 나타낸다.

$$P(N, k)$$

$k>N$이면, $P(N, k)=0$으로 정의한다.

자연수의 분할의 정의는 단순하지만, 중요한 포인트는 다음과 같다.

✓ 어떻게 빠짐없이 분할을 나열할 것인가?

✓ N이 커질 때, 자연수의 분할의 수 $P(N, k)$을 쉽게 구하는 방법은 무엇인가?

첫 번째 물음의 답을 아래 예시를 통해 탐색해보자.

예제1) 자연수의 분할

다음의 자연수 N을 k개의 자연수로 분할하고, 그 경우의 수 $P(N, k)$를 구하여라.

(1) $N=7, k=2$　　　　　　　　　　　　(2) $N=7, k=3$

(3) $N=9, k=2$　　　　　　　　　　　　(4) $N=10, k=4$

풀이 (1) 7을 2개의 자연수로 분할하는 모든 경우를 나열하면 다음과 같다.

$$7=6+1=5+2+4+3$$

이므로 $P(7, 2)=3$이다. 이때, 자연수 N을 두 개로 빠짐없이 분할을 하기 위해,

$$N=a_1+a_2(a_1\geq a_2)$$

$a_1=N-1$(최댓값), $a_2=1$(최솟값)을 택한 뒤, a_1을 하나씩 줄이고, a_2를 하나씩 늘려나가면 빠짐없이 셀 수 있다. 또한, 이 과정에서 알 수 있는 규칙은 a_2는 1부터 시작하여 $\left[\dfrac{N}{2}\right]$까지만 커질 수 있다는 것. 따라서 다음을 얻을 수 있다.

$$P(N, 2)=\left[\frac{N}{2}\right]$$

따라서 $P(7, 2)=\left[\dfrac{7}{2}\right]=3$이다.

(2) 7의 3개로 자연수의 분할은 다음과 같다.

$$7=a_1+a_2+a_3(a_1\geq a_2\geq a_3)$$

이를 빠짐없이 세기 위해서는 $a_3=1$인 분할에서 시작하여 $a_1+a_2=6$이 되는 자연수 6의 2개 분

할을 나열한다. (이 경우의 수는 $P(6, 2) = \left[\dfrac{6}{2}\right] = 3$이다.)

$$7 = (5+1)+1 = (4+2)+1 = (3+3)+1 \qquad ---(1)$$
$$= (3+2)+2 \qquad ------------------(2)$$

(1)과 같이 $a_3 = 1$인 경우를 모두 나열한 뒤, (2)와 같이 $a_3 = 2$인 분할은 $a_1 + a_2 = 5$ $(a_2 \geq a_1 = 2)$ 이므로 $7 = (3+2)+2$로 유일하다.

따라서 $P(7, 3) = 4$이다.

(3) 9를 2개의 자연수로 분할하는 모든 경우를 나열하면 다음과 같다.

$$9 = 8+1 = 7+2 = 6+3 = 5+4$$

이므로 $P(9, 2) = 4$이다. 또는 공식 $P(N, 2) = \left[\dfrac{N}{2}\right]$를 이용하면 $P(9, 2) = \left[\dfrac{9}{2}\right] = 4$임을 알 수 있다.

(4) 10을 4개의 자연수로 분할하는 모든 경우를 나열하면 다음과 같다.

$$10 = (7+1)+1+1 = (6+2)+1+1 = (5+3)+1+1 = (4+4)+1+1 \qquad ---①$$
$$= (5+2)+2+1 = (4+3)+2+1 \qquad --------------②$$
$$= (3+3)+3+1 \qquad --------------③$$
$$= (4+2)+2+2 = (3+3)+2+2 \qquad --------------------④$$

따라서 $P(10, 4) = 9$이다.

자연수 9의 $9 = a_1 + a_2 + a_3 + a_4$ $(a_1 \geq a_2 \geq a_3 \geq a_4)$를 빠짐없이 나열하기 위해서는

① $a_3 = a_4 = 1$에서 시작하여 $a_1 + a_2 = 8$인 분할을 모두 나열한다.

② ①이 완료되면 $a_3 = 2$로 올려 $a_1 + a_2 = 7(a_1 \geq a_2 \geq 2)$의 분할을 모두 나열한다.

③ $a_4 = 1, a_3 = 3$인 경우 $a_1 + a_2 = 6(a_1 \geq a_2 \geq 3)$의 분할을 모두 나열한다.

④ $a_4 = 1, a_3 = 4$인 경우의 분할은 없으므로 $a_4 = 1$인 경우의 분할이 완료되어 $a_4 = 2$인 분할을 생각해야 하고 이때, $a_4 = a_3 = 2$인 경우 $a_1 + a_2 = 6(a_1 \geq a_2 \geq 2)$의 분할을 나열한다.

$a_4 = a_3 = 2$인 분할을 모두 나열하고 나면 $a_4 = 2, a_3 = 3$인 분할이고, 그럼 $a_1 \geq a_2 \geq 3$을 만족해야 하는데 이는 불가능하므로 모든 분할이 완료되었다.

📑 (1)3 (2)4 (3)4 (9)9

문제1) 자연수의 분할

다음 물음에 답하시오.

(1) $P(6, 2) + P(6, 3)$의 값을 구하시오.

(2) 자연수 9의 분할 중 1이 5개 이상 포함된 분할의 개수를 구하시오.

자연수의 분할의 수 $P(N, k)$는 같은 모양의 공 N개를 같은 모양의 k개의 상자에 빈 상자 없이 나누어 담는 경우의 수와 같다.

예제2) 자연수의 분할

다음의 경우의 수를 구하시오.

(1) 똑같은 공 6개를 똑같은 4개의 상자에 나누어 담는 방법의 수를 구하여라.
  (단, 빈 상자는 없다.)

(2) 똑같은 공 6개를 똑같은 4개의 상자에 나누어 담는 방법의 수를 구하여라.
  (단, 빈 상자를 허용한다.)

풀이 (1) 똑같은 공 6개를 똑같은 4개의 상자에 빈 상자 없이 나누어 담는 경우의 수는 $P(6, 4)$와 같다. 이는 4개의 상자에 미리 공을 1개씩 넣어두고 남은 2개의 공을 4개 이하의 상자에 넣는 경우의 수를 생각하면 된다. 이때, 2개의 공을 모두 한 상자에 넣거나 $P(2, 1)$, 2개의 공을 2개의 상자에 나누어 넣을 수 있으므로 $P(2, 2)$구하는 경우의 수는 $P(2, 1)+P(2, 2)=1+1=2$이다.

(2) 똑같은 공 6개를 똑같은 4개의 상자에 빈 상자를 허용하여 나누어 담는 경우의 수는 $P(6, 4)+P(6, 3)+P(6, 2)+P(6, 1)$이다. 이때, ✓(1)에서 구한 것과 같이 $P(6, 4)=P(2, 1)+P(2, 2)=2$, ✓$P(6, 3)$은 똑같은 공 6개를 같은 모양의 3개의 상자에 나누어 담는 경우의 수이므로 미리 1개씩 3개의 상자에 넣으면 남는 공 3개를 3개 이하의 상자에 나누어 담으면 되므로 $P(6, 3)=P(3, 3)+P(3, 2)+P(3, 1)=1+\left[\dfrac{3}{2}\right]+1=3$, ✓$P(6, 2)=\left[\dfrac{6}{2}\right]=3$ ✓$P(6, 1)=1$이다. 따라서 구하는 경우의 수 $P(6, 4)+P(6, 3)+P(6, 2)+P(6, 1)=2+3+3+1=9$이다.

답 (1) 2 (2) 9

문제2) 자연수의 분할

다음의 경우의 수를 구하시오.

(1) 똑같은 공 5개를 똑같은 3개의 상자에 나누어 담는 방법의 수를 구하여라.
  (단, 빈 상자는 없다.)

(2) 똑같은 공 5개를 똑같은 3개의 상자에 나누어 담는 방법의 수를 구하여라.
  (단, 빈 상자를 허용한다.)

자연수의 분할의 수

자연수의 분할의 수 $P(N, k)$는 다음의 성질을 갖는다.

(1) $P(N, 1)=1$, $P(N, N)=1$

(2) $P(N, N-1)=1$

(3) 자연수 N을 두 개로 분할하는 경우의 수

$\Rightarrow P(N, 2)=\left[\dfrac{N}{2}\right]$

(4) 자연수 N의 모든 분할의 수

$\Rightarrow P(N, 1)+P(N, 2)+P(N, 3)+\cdots+P(N, N)$

(5) $N \geq 2$이고, $1 \leq k < N$인 정수 N과 k에 대하여,

$$P(N, k)=P(N-1, k-1)+P(N-k, k)$$

(6) $1 < k < N$일 때, 자연수 N을 k개의 자연수로 분할하는 방법의 수 $P(N, k)$에 대하여

$$P(N, k)=P(N-k, 1)+P(N-k, 2)+\cdots+P(N-k, k)$$

★ $k > N$이면 $P(N, k)=0$이다.

★ (5) $P(N, k)=$

(자연수 N의 분할 중 1을 포함하는 분할의 수)+

(자연수 N의 분할 중 1을 포함하지 않는 분할의 수)--------(*)

이다. 이때, (자연수 N의 분할 중 1을 포함하는 분할의 수)이고, $=P(N-1, k-1)$

(자연수 N의 분할 중 1을 포함하지 않는 분할의 수)는 모든 분할이 2이상의 수로 구성이 되므로 '공 넣기'
문제로 바꾸어 생각하면 같은 모양의 k개의 각 상자에 1개씩 공을 넣고 남은 $N-k$개의 공으로도 여전히
개로 분할하여 넣는 것과 같으므로 $P(N-k, k)$와 같다.

따라서 $P(N, k)=P(N-1, k-1)+P(N-k, k)$이다.

★ (6) 자연수의 분할의 수 $P(N, k)$는 같은 모양의 공 N개를 같은 모양의 k개의 상자에 나누어 담는 경우
의 수이다. 따라서 같은 모양의 공 N개 중 k개를 먼저 k개의 상자에 한 개씩 나누어 담으면 남는 $N-k$개의
공을 k개 이하의 상자에 나누어 담으면 된다. 즉, 다음의 식이 성립한다.

$$P(N, k)=P(N-k, 1)+P(N-k, 2)+\cdots+P(N-k, k)$$

예제2)의 (1)을 참고하자.

★ $P(N, k)$를 쉽게 구하는 방법은 (5)를 이용하여 N을 $N-1$ 또는 $N-k$로, k를 $k-1$로 줄인 다음 (1), (2), (3)
의 공식을 적용하여 빠르게 구할 수 있다.

예제3) 자연수의 분할

같은 모양의 공 13개를 같은 모양의 4개의 상자에 나누어 담을 때, 모든 상자에 2개 이상의 공이 들어 있는 경우의 수를 구하여라. (단, 빈 상자는 없다.)

풀이　(방법1) 13개의 공에서 각 상자에 2개씩 공을 미리 넣으면 13-8=5개의 공만 4개 이하의 상자에 나누어 담으면 된다. 즉, $P(5, 1)+P(5, 2)+P(5, 3)+P(5, 4)=1+2+2+1=6$이다.

(방법2) 13개의 공에서 각 상자에 1개씩 공을 미리 넣으면 13-4=9개의 공을 4개의 상자에 나누어 담으면 된다. 즉, $P(9, 4)=P(8, 3)+P(5, 4)=P(7, 2)+P(5, 3)+1=\left[\dfrac{7}{2}\right]+2+1=6$이다.

답　6

문제3) 자연수의 분할

같은 종류의 공 19개를 같은 종류의 상자 3개에 남김없이 나누어 넣을 때, 각 상자에 3개 이상씩 들어가도록 넣는 경우의 수는?

생각열기

(1) 조 구성하기(분할)

'집합의 분할(제2종 스털링 수)'를 배우기에 앞서 조합의 활용 측면에서 필수적으로 알아야 하는 '조 구성' 방법을 알아보자.

① 서로 다른 4명 a, b, c, d를 다음과 같이 2개의 조로 구성해보자.

✔ 1명, 3명으로 조를 구성하는 경우

⇨ a, b, c, d에서 1명을 먼저 뽑고, 나머지 3명에서 3명을 뽑아 한 조를 구성하는 경우의 수이므로 $_4C_1 \times _3C_3$이다. 이를 모두 나열하면 다음과 같다.

$$\boxed{a} - \boxed{bcd} \qquad \boxed{c} - \boxed{abd}$$
$$\boxed{b} - \boxed{acd} \qquad \boxed{d} - \boxed{abc}$$

✔ 2명, 2명으로 조를 구성하는 경우

⇨ a, b, c, d에서 2명을 먼저 뽑고, 나머지 2명에서 2명을 뽑는 경우의 수는 $_4C_2 \times _2C_2$이다. 이때, $_4C_2 \times _2C_2$에서 $\boxed{ab} - \boxed{cd}$와 $\boxed{cd} - \boxed{ab}$는 2가지로 인식되지만 같은 조 구성이고 이는 2개의 조를 순서 있게 나열하는 순열과 같으므로 2!이다.

$$같다 \left(\begin{array}{ccc} \boxed{ab}-\boxed{cd} & \boxed{ac}-\boxed{bd} & \boxed{ad}-\boxed{bc} \\ \boxed{cd}-\boxed{ab} & \boxed{bd}-\boxed{ac} & \boxed{bc}-\boxed{ad} \end{array} \right)$$

따라서 구하는 경우의 수는 $(_4C_2 \times _2C_2) \times \dfrac{1}{2!} = 3$이다.

② 서로 다른 6명 a, b, c, d, e, f를 다음과 같이 조를 구성해보자.

✔ 2명, 4명으로 조를 구성하는 경우

⇨ a, b, c, d, e, f에서 2명을 먼저 뽑고, 나머지 4명에서 4명을 뽑아 한 조를 구성하는 경우의 수이므로 $_6C_2 \times _4C_4$이다.

✔ 2명, 2명, 2명으로 조를 구성하는 경우

⇨ a, b, c, d, e, f에서 2명을 먼저 뽑고, 나머지 4명에서 2명을 뽑고, 또 나머지 2명에서 2명을 뽑는 경우의 수는 $_6C_2 \times _4C_2 \times _2C_2$이다. 이때, $_6C_2 \times _4C_2 \times _2C_2$에서 다음의 조 구성은 서로 다른 6가지로 인식이 되었지만, 같은 조구성이다.

$$\boxed{ab}-\boxed{ef}-\boxed{cd} \qquad \boxed{cd}-\boxed{ab}-\boxed{ef} \qquad \boxed{ef}-\boxed{ab}-\boxed{cd}$$
$$\boxed{ab}-\boxed{cd}-\boxed{ef} \qquad \boxed{cd}-\boxed{ef}-\boxed{ab} \qquad \boxed{ef}-\boxed{cd}-\boxed{ab}$$

즉, 3개의 팀이 바꿔서는 경우의 수 3!만큼 같은 조의 구성이므로

$(_6C_2 \times _4C_2 \times _2C_2) \times \dfrac{1}{3!}$이다.

이를 일반화 하면 다음과 같다.

2. 조 구성하기

서로 다른 n명에 대하여 조를 구성하는 경우의 수는 다음과 같다.

(1) 서로 다른 수 $p, q, \cdots, r$ $(p+q+\cdots+r=n)$명씩 조를 구성하는 경우

　: $_nC_p \times _{n-p}C_q \times \cdots \times _rC_r$

(2) $p, q, \cdots, r$ $(p+q+\cdots+r=n)$ 중 r가 k개일 때, 조를 구성하는 경우

　(단, 같은 수는 한 종류만 존재하며 이들의 수가 k개 이다.)

　: $_nC_p \times _{n-p}C_q \times \cdots \times _{2r}C_r \times _rC_r \times \dfrac{1}{k!}$

(3) $p, q, \cdots, r$ $(p+q+\cdots+r=n)$ 중 q가 s개, r가 k개일 때, 조를 구성하는 경우

　(단, 같은 수는 두 종류만 존재하며 이들이 수가 각각 s개, k개 이다.)

　: $_nC_p \times _{n-p}C_q \times \cdots \times _{2r}C_r \times _rC_r \times \dfrac{1}{s!} \times \dfrac{1}{k!}$

★ 10명을 2명, 2명, 2명, 1명, 1명, 1명, 1명으로 조를 구성하는 경우의 수는 다음과 같다.

$$_{10}C_2 \times _8C_2 \times _6C_2 \times _4C_1 \times _3C_1 \times _2C_1 \times _1C_1 \times \dfrac{1}{3!} \times \dfrac{1}{4!}$$

또한, 이렇게 조를 구성하는 것은 10명에서 2명씩 3개의 조를 구성하고 나면 나머지 4명은 1인 1조이므로 이렇게 조를 구성하는 경우의 수는 1가지 뿐이므로 $_{10}C_2 \times _8C_2 \times _6C_2 \times \dfrac{1}{3!}$와 같이 구할 수도 있다.

예제4) 조 구성하기

다음과 같이 7명의 학생을 세 개의 조로 구성하는 경우의 수를 구하여라.

(1) 7명의 학생을 2명, 2명, 3명으로 조를 나누는 경우의 수를 구하여라.

(2) 7명의 학생을 2명, 2명, 3명으로 조를 나눌 때, 여학생 두 명을 같은 조로 구성하는 경우의 수를 구하여라. (단, 7명 중, 5명은 남학생이다.)

풀이

(1) (방법1) 앞에서 배운 조 구성 방법에 의해 다음과 같이 구할 수 있다.

$$_7C_2 \times _5C_2 \times _3C_3 \times \frac{1}{2!} = 105$$

(방법2) (같은 것이 있는 순열) 7명의 학생을 1번 부터 7번으로 번호를 매긴 뒤, A카드 2장, B카드 2장, C카드 3장을 한 학생에게 1장씩 나누어 준다. 이때, 이 경우의 수는 같은 것이 있는 순열의 수인 $\frac{7!}{2!2!3!}$ 이다. 이제 A와 B의 조는 구분이 없으므로 2!로 나누어주면

$\frac{7!}{2!2!3!} \times \frac{1}{2!}$ 이 구하는 경우의 수이다.

(2) 여학생 2명을 한 조로 구성하는 경우에는 남학생을 2명, 3명의 2개의 조로 나누는 방법의 수와 같으므로

$$_5C_2 \times _3C_2 = 10(가지)$$

여학생 2명을 3명의 조에 넣는 경우에는 남학생 5명을 2명, 2명, 1명의 3개의 조로 나누는 방법의 수와 같으므로

$$_5C_2 \times _3C_2 \times _1C_1 \times \frac{1}{2!} = 15(가지)$$

따라서 구하는 방법의 수는 25(가지)이다.

답 (1) 105 (2) 25

〈'조합' 단원에서 배웠던 내용을 다시 한번 확인해보자.〉

문제4) 조 구성하기

다음과 같이 축구 경기의 대진표를 작성하는 경우의 수를 구하여라. 팀 수가 차례대로 4, 6, 8일 때, 각각 다음과 같은 방식으로 대진표를 작성하는 방법의 수를 구하여라.

(1) 　(2) 　(3)

3. 분할과 분배

서로 다른 n명을 k개의 조를 구성한 뒤, k개의 조에 분배하는 경우의 수

(1) 사람 7명을 1명, 2명, 4명으로 조를 구성한 뒤, 학급 A, B, C에 배정하는 경우

　: $(_7C_1 \times _6C_2 \times _4C_4) \times 3!$

(2) 사람 7명을 2명, 2명, 3명으로 조를 구성한 뒤, 학급 A, B, C에 배정하는 경우

　: $\left(_7C_2 \times _5C_2 \times _3C_3 \times \dfrac{1}{2!}\right) \times 3!$

예제5) 분할과 분배

다음과 같이 10명의 학생을 세 개의 학급 A, B, C에 배정하는 경우의 수를 구하여라. (단, 빈 학급은 없다.)

(1) 3명, 3명, 4명의 학생을 세 학급에 배정하는 경우의 수

(2) 2명, 3명, 5명의 학생을 세 학급에 배정하는 경우의 수

풀이　(1) (방법1) 위에서 배운 내용에 의해 다음과 같이 구할 수 있다.

$$\left(_{10}C_3 \times _7C_3 \times _4C_4 \times \dfrac{1}{2!}\right) \times 3! = 12600$$

(방법2) (같은 것이 있는 순열) 10명의 학생을 1번 부터 10번으로 번호를 매긴 뒤, 세 종류 A, B, C의 카드를 나누어 주는 같은 것이 있는 순열로 생각하자. 이때, 세 장 A, B, C의 카드 중 한 종류는 4장의 카드가 되는 것을 정하는 경우의 수는 $_3C_1$이다. 이제 A카드 3장, B카드 3장, C카드 4장을 한 학생에게 1장씩 나누어 준다. 이때, 이 경우의 수는 같은 것이 있는 순열의 수 인 $\dfrac{10!}{3!3!4!}$이다. 따라서 구하는 경우의 수는 $_3C_1 \times \dfrac{10!}{3!3!4!}$이다.

(2) (방법1) 위에서 배운 내용에 의해 다음과 같이 구할 수 있다. $(_{10}C_2 \times _8C_3 \times _5C_5) \times 3! = 15120$

(방법2) (같은 것이 있는 순열) 10명의 학생을 1번 부터 10번으로 번호를 매긴 뒤, 세 종류 A, B, C의 카드를 나누어 주는 같은 것이 있는 순열로 생각하자. 이때, 세 장 A, B, C의 카드에서 2장, 3장, 5장을 결정하는 3!이다. 이제 A카드 2장, B카드 3장, C카드 5장을 한 학생에게 1장씩 나누어 준다. 따라서 구하는 경우의 수는 같은 것이 있는 순열의 수인 $\dfrac{10!}{2!3!5!} \times 3!$이다.

답 (1) 12600 (2) 15120

문제5) 분할과 분배

$A = \{a, b, c, d\}$, $B = \{1, 2, 3\}$에 대하여 함수 $f : A \to B$의 치역과 공역이 일치하는 함수의 개수를 모두 구하여라.

(1) 집합의 분할(제2종 스털링 수: Stirling Number 2nd kind)

집합 A의 '분할(Partition) P'는 다음과 같이 정의한다.

$$P= \{A_1, A_2, A_3, \cdots, A_n\} = \{A_i\}_{i=1}^{n}, A_i \neq \varnothing(i=1, 2, \cdots, n)$$

$$A_i \cap A_j = \varnothing(i \neq j, i, j=1, 2, \cdots, n), A_1 \cup A_2 \cup A_3 \cdots \cup A_n = A$$

집합의 분할은 집합론의 하나의 개념으로 미적분학 등 수학의 여러 분야에서 등장한다.

여기에서는 집합의 분할의 모든 경우의 수를 생각해보자.

'집합의 분할의 수'인 '제2종 스털링 수'란 원소의 개수가 N인 집합 A의 k개의 분할(Partition)로 가능한 모든 경우의 수를 뜻하고 이를 간단히 기호로 다음과 같이 나타낸다.

$$S(N, k)$$

① $A=\{x, y, z\}$를 2개의 조로 구성하는 경우의 수를 구해보자.

　　⇨ 이를 구하기 위해서는 A의 두 부분집합의 각 원소의 개수를 먼저 정해야 하고 이는 3의 자연수의 분할 $P(3, 2)$부터 생각해야 한다. 즉,

$$3=1+2$$

즉, 집합 A를 두 개의 부분집합으로 분할하려면 각 부분집합의 원소의 개수가 1, 2인 경우뿐이므로 그 경우의 수는 $_3C_1 \times _2C_2 =3$이다. 또한, 이를 모두 나열하면 다음과 같다.

$$\{x\}, \{y, z\}$$

$$\{y\}, \{x, z\}$$

$$\{z\}, \{x, y\}$$

② 집합 $A= \{x, y, z, w\}$를 2개의 조로 구성하는 경우의 수를 구해보자.

　　⇨ A의 두 부분집합의 각 원소의 개수는 자연수 4의 두 개로의 자연수 분할로 다음과 같다.

$$4=1+3=2+2$$

✓ 부분집합의 원소의 개수가 1, 3인 경우

　　⇨ $_4C_1 \times _3C_3 =4$

✓ 부분집합의 원소의 개수가 2, 2인 경우

　　⇨ $_4C_2 \times _2C_2 \times \dfrac{1}{2!} =3$

　　따라서 $S(4, 2)=4+3=7$이다.

4. 집합의 분할

자연수 N과 k에 대하여

원소의 개수가 N인 집합 A의 k개 분할의 경우의 수를 '제 2종 스털링 수(Stirling number of the second kind)'라고 하고 기호로 다음과 같이 나타낸다.

$$S(N, k)$$

예제6) 집합의 분할

집합 $A = \{a, b, c, d, e\}$에 대하여 다음을 구하여라.

(1) 집합 A를 두 개로 분할하는 경우의 수

(2) 집합 A를 세 개로 분할하는 경우의 수

풀이

(1) 집합 A를 두 개로 분할하면 가능한 부분집합의 원소의 개수는 $1, 4$ 또는 $2, 3$이다.

✔ A의 두 부분집합의 원소의 개수가 $1, 4$인 경우 : $_5C_1 \times _4C_4 = 5$

✔ A의 두 부분집합의 원소의 개수가 $2, 3$인 경우 : $_5C_2 \times _3C_3 = 10$

따라서 $S(5, 2) = 5 + 10 = 15$이다.

(2) 집합 A를 세 개로 분할하면 가능한 부분집합의 원소의 개수는 $1, 1, 3$ 또는 $1, 2, 2$이다.

✔ A의 두 부분집합의 원소의 개수가 $1, 1, 3$인 경우 : $(_5C_1 \times _4C_1 \times _3C_3) \times \dfrac{1}{2!} = 10$

✔ A의 두 부분집합의 원소의 개수가 $1, 2, 2$인 경우 : $(_5C_2 \times _3C_2 \times _1C_1) \times \dfrac{1}{2!} = 15$

따라서 $S(5, 3) = 10 + 15 = 25$이다.

답 (1) 15 (2) 25

문제6) 집합의 분할

다음 제2종 스털링 수를 구하여라.

(1) $S(4,1)$

(2) $S(4,2)$

(3) $S(4,3)$

(4) $S(4,4)$

집합의 분할의 수

집합의 분할의 수 $S(N, k)$는 다음의 성질을 갖는다.

(1) $S(N, 1)=1$, $S(N, N)=1$

(2) $k>N$이면, $S(N, k)=0$

(3) $S(N, N-1)={}_NC_2$

(4) $S(N, 2)=2^{N-1}-1$

(5) $N\geq 2$이고, $1\leq k<N$인 정수 N과 k에 대하여,
$$S(N, k)=S(N-1, k-1)+k\times S(N-1, k)$$

(6) 원소의 개수가 N인 집합의 k개 이하로의 모든 분할의 수
$$\Rightarrow S(N, 1)+S(N, 2)+S(N, 3)+\cdots+S(N, k)$$

★ 성질 (4)는 조합론적인 아이디어를 이용하여 다음과 같이 증명할 수 있다.

$S(N, 2)$는 집합 $A=\{a_1, a_2, a_3, \cdots, a_N\}$을 공집합이 아닌 두 개의 부분집합으로 분할하는 경우의 수 이고, 이는 집합 A의 각 원소 a_i를 두 개의 분할 중 하나에 넣는 경우의 수가 2^N이고, $\varnothing$인 분할을 갖는 경우를 제외하면 2^N-2이며, 두 집합의 대칭성에 의해 2로 나누면 $\dfrac{2^N-2}{2}$가지 이므로 $S(N, 2)=2^{N-1}-1$가 성립한다.

★ (5) 집합 $A=\{1, 2, 3, \cdots, n\}$을 k개로 분할하는 경우의 수는 다음과 같이 두 가지 중 하나이다.

$S(n, k)=$

(특정한 하나의 원소가 한 원소 집합인 경우)+

(특정한 하나의 원소가 다른 원소와 함께 부분집합을 구성하는 경우)

✓ 특정한 하나의 원소 n이 한 원소 집합을 이루는 경우 : $\{n\}$

$\Rightarrow$ 나머지 $(n-1)$개의 원소를 $(k-1)$개의 부분집합으로 분할을 구성하면 되므로 그 경우의 수는 $S(n-1, k-1)$이다.

✓ 특정한 하나의 원소 n이 다른 원소와 함께 집합을 이루는 경우 : $\{n, \square, \cdots, \triangle\}$

$\Rightarrow$ 원소 n을 제외한 $(n-1)$개의 원소가 k개의 분할을 구성($S(n-1, k)$)한 뒤, 이 k개의 분할 중, 하나를 택하여 원소 n을 넣으면 되므로 그 경우의 수는 $k\times S(n-1, k)$이다.

★ $S(N, k)$를 쉽게 구하는 방법은 (5)를 이용하여 N과 k를 $N-1$과 $k-1$로 줄인 다음 (1), (3), (4)의 공식을 이용하여 빠르게 구할 수 있다.

예제7) 제2종 스털링 수

다음을 구하시오.

(1) $S(4, 3)+S(5, 4)+S(6, 5)$

(2) $S(5, 3)$

(3) $S(7, 5)$

풀이 (1) $S(N, N-1)={}_N C_2$이므로 $S(4, 3)={}_4 C_2$, $S(5, 4)={}_5 C_2$, $S(6, 5)={}_6 C_2$이다. 따라서

$$S(4, 3)+S(5, 4)+S(6, 5)=6+10+15=31$$

(2) $S(N, k)=S(N-1, k-1)+k \times S(N-1, k)$임을 이용하면

$$S(5, 3)=S(4, 2)+3S(4, 3)=(2^{4-1}-1)+3 \times {}_4 C_2=25$$

(3) $S(7, 5)=S(6, 4)+5S(6, 5)=S(6, 4)+5 \times {}_6 C_2.$

이때, $S(6, 4)$는 원소의 개수가 6인 집합을 원소의 개수가 1, 1, 2, 2인 부분집합과 1, 1, 1, 3인 부분집합으로 각각 분할하는 경우의 수이므로 다음과 같다.

$$S(6, 4)=({}_6 C_2 \times {}_4 C_2) \times \frac{1}{2!} + {}_6 C_3=45+20=65$$

따라서 $S(7, 5)=65+5 \times 15=140$이다.

답 (1)31 (2)25 (3)140

문제7) 제2종 스털링 수

다음을 구하시오.

(1) $S(4, 2)+S(5, 2)+S(6, 2)$

(2) $S(6, 4)$

(3) $S(6, 3)$

집합의 분할의 수 $S(N, k)$는 다른 모양의 공 N개를 같은 모양의 k개의 상자에 빈 상자 없이 나누어 담는 경우의 수와 같다. 또한, 이를 활용하면 전사함수(surjective function)의 개수를 구하는데 적용할 수도 있다.

예제8) 집합의 분할의 활용

다음을 구하시오.

(1) 여학생 5명을 3개의 조로 구성하는 경우의 수

(2) 함수 $f : \{1, 2, 3, 4, 5\} \rightarrow \{a, b, c\}$가 치역과 공역이 같은 함수의 개수

풀이   (1) 구하는 경우의 수는 $S(5, 3)=25$이다.

(2) 구하는 함수의 개수는 정의역을 3개로 분할 한 뒤, 각 분할을 a, b, c로 대응시키면 되므로 $S(5, 3) \times 3!$이다. 따라서 $S(5, 3) \times 3!=150$

답 (1) 25 (2) 150

문제8) 집합의 분할의 활용

함수 $f : \{a_1, a_2, \cdots, a_n\} \rightarrow \{b_1, b_2, \cdots, b_m\}$의 치역과 공역이 같도록 하는 함수 f의 개수를 두 상수 m, n에 대해 나타내시오. (단, $m \leq n$)

이제까지 배운 '분할'의 모든 내용을 이용하면 다음과 같이 N개의 물건을 k개의 상자에 나누어 담을 때, 빈 상자의 유무, 물건의 구별 가능성, 상자의 구별 가능성에 따라 나누어 담는 방법을 정리할 수 있다.

N개의 물건을 k개의 상자에 나누어 담는 경우의 수	
(1) 서로 다른 물건 N개를 서로 다른 상자 k개에 넣는 경우	
① 빈 상자 없음 ⇨ $S(N, k) \times k!$	② 빈 상자 허용 ⇨ k^N
(2) 서로 다른 물건 N개를 같은 모양의 상자 k개에 넣는 경우	
① 빈 상자 없음 ⇨ $S(N, k)$	② 빈 상자 허용 ⇨ $\sum\limits_{i=1}^{k} S(N, i)$
(3) 같은 모양의 물건 N개를 서로 다른 상자 k개에 넣는 경우	
① 빈 상자 없음 ⇨ ${}_k\mathrm{H}_{N-k}$ ($x_1 + \cdots + x_k = N$의 양의 정수해의 개수)	② 빈 상자 허용 ⇨ ${}_k\mathrm{H}_N$ ($x_1 + \cdots + x_k = N$의 음이 아닌 정수해의 개수)
(4) 같은 모양의 물건 N개를 같은 모양의 상자 k개에 넣는 경우	
① 빈 상자 없음 ⇨ $P(N, k)$ (자연수 N을 k개의 자연수의 합으로 나타내는 방법의 수)	② 빈 상자 허용 ⇨ $\sum\limits_{i=1}^{k} P(N, k)$ (자연수 N을 1, 2, $\cdots$, k개의 자연수의 합으로 나타내는 방법의 수)

예제9) 분할

다음을 구하시오.

(1) 서로 다른 공 4개를 서로 다른 3개의 상자에 나누어 담는 경우의 수를 구하시오. (단, 빈 상자는 없다.)

(2) 학생 5명을 3개의 학급 A, B, C에 배정하는 경우의 수를 구하시오. (단, 배정받지 못한 학급이 있어도 된다.)

(3) 같은 모양의 공 6개를 상자 A, B, C에 담는 경우의 수를 구하시오. (단, 빈 상자가 있을 수 있다.)

(4) 같은 모양의 공 6개를 상자 A, B, C에 담는 경우의 수를 구하시오. (단, 빈 상자는 없다.)

풀이　(1) (방법1) $S(4, 3) \times 3! = {}_4C_2 \times 3! = 36$

(방법2) 전사함수 $f : \{1, 2, 3, 4\} \rightarrow \{a, b, c\}$의 개수와 동일하고 뒤에서 배우게 될 '포함과 배제의 원리'를 이용하여 다음과 같이 구할 수 있다.

$$3^4 - ({}_3C_1 \times 2^4 - {}_3C_2 \times 1^4) = 36$$

(방법3) 서로 다른 4개의 공을 1개, 1개, 2개로 분할을 구성한 뒤, 3개의 상자에 분배하면 되므로

$$({}_4C_1 \times {}_3C_1 \times {}_2C_2) \times \frac{1}{2!} \times 3! = 36$$

(방법4) 서로 다른 공 4개를 순서대로 나열한 뒤, 공 사이의 세 칸인 ✔가 표시된 영역을 2개 택하여 칸막이 |를 넣으면 4개의 공이 3개로 분할된다. (이때, 같은 칸의 2개의 공이 바꿔서는 경우의 수 2!로 단위화 한다.)

즉, 구하는 경우의 수는 $4! \times {}_3C_2 \times \frac{1}{2!} = 36$이다

(2) $3^5 = 243$

(3) 상자 A, B, C에 들어있는 공의 개수를 차례대로 a, b, c라고 하면 구하는 경우의 수는 $a+b+c=6$의 음이 아닌 정수해의 개수와 같다. 따라서 ${}_3H_6 = 28$이다.

(4) 상자 A, B, C에 들어있는 공의 개수를 각각 a, b, c라고 하면 구하는 경우의 수는 $a+b+c=6$의 양의 정수해의 개수와 같다. 따라서 ${}_3H_{6-3} = 10$이다.

답 (1) 36 (2) 243 (3) 28 (4) 10

문제9) 분할

5개의 물건을 3개의 상자에 담으려고 할 때, 다음의 경우의 수를 구하여라.

(1) 서로 다른 물건 5개를 서로 다른 상자 3개에 넣는 경우	
① 빈 상자 없음	② 빈 상자 허용

(2) 서로 다른 물건 5개를 같은 모양의 상자에 3개에 넣는 경우	
① 빈 상자 없음	② 빈 상자 허용

(3) 같은 모양의 물건 5개를 서로 다른 상자 3개에 넣는 경우	
① 빈 상자 없음	② 빈 상자 허용

(4) 같은 모양의 물건 5개를 같은 모양의 상자 3개에 넣는 경우	
① 빈 상자 없음	② 빈 상자 허용

[분할]

1. $P(9, 4)$의 값을 구하시오.

2. 자연수 6을 짝수개의 자연수로 분할하는 방법의 수는?

3. 자연수 9의 분할 중에서 홀수의 합으로 만들어지는 서로 다른 모든 분할의 수는?

4. 자연수 11의 분할 중에서 같은 수가 5개 이상으로 구성된 서로 다른 모든 분할의 수는?

5. 같은 종류의 연필 7개를 같은 종류의 5개의 필통에 넣을 때, 빈 필통이 1개 이하가 되도록 넣는 경우의 수는?

6. 지우는 서로 다른 세 필통 A, B, C에 같은 종류의 연필 9자루를 나누어 담으려고 한다. 각 필통에는 적어도 한 자루의 연필을 담아야 하고, 세 필통 A, B, C에 담는 연필의 개수를 각각 a, b, c라고 하면 $a \geq b \geq c$가 성립한다. 9자루의 연필을 남김없이 세 필통에 나누어 담는 경우의 수는?

7. 자연수 7을 7개 이하의 자연수의 합으로 나타내는 모든 분할의 수는 $P(14, k)$일 때, 자연수 k의 값은?

8. $S(6, 2) = S(5, 1) + nS(5, 2)$를 만족시키는 자연수 n의 값을 구하시오.

9. 어느 제과점의 쇼케이스는 1층, 2층, 3층으로 구성된다. 1층, 2층, 3층에 이 제과점에서 만든 서로 다른 5개의 빵을 진열하려고 한다. 각 층에는 적어도 하나의 빵이 놓인다고 할 때, 5개의 빵을 진열하는 서로 다른 경우의 수는? (단, 각 층는 5개의 빵을 모두 진열할 수 있을 만큼 넓고, 진열된 빵의 위치는 생각하지 않는다.)

10. 사과, 배, 감, 바나나가 각각 하나씩 있다. 이 네 개의 과일을 남김없이 두 종류의 상자 A, B에 나누어 담는 경우의 수는? (단, 빈 상자가 있을 수 있다.)

11. 1층에서 7층까지 운행하는 엘리베이터에 1층에서 탑승한 6명의 탑승객이 4층, 5층, 6층, 7층 중에서 3개의 층에서 모두 내리는 경우의 수는? (단, 새로 타는 탑승객은 없다.)

12. 집합 $S=\{1, 2, 3, 4, 5, 6, 7, 8\}$의 두 부분집합 A, B에 대하여 다음 조건을 만족시키는 순서쌍 (A, B)의 개수를 구하시오. (단, $n(A)$는 집합 A의 원소의 개수이다.)

(가) $S=A\cup B$
(나) $A\cap B=\{1\}$
(다) $n(A)\geq n(B)\geq 2$

13. 지우의 취미는 포켓몬 모으기이다. 그리고 그가 수집한 포켓몬은 포켓몬 볼에 보관한다.
(1) 지우에게 서로 다른 10마리의 포켓몬이 있다. 이 중 네 마리의 포켓몬을 뽑는 경우의 수는?

(2) 서로 다른 10마리의 포켓몬 중에서 지우가 좋아하는 순서대로 포켓몬의 1등부터 4등까지 순위를 정하는 경우의 수는?

(3) 서로 다른 10마리의 포켓몬을 빈 볼이 없도록 서로 다른 4개의 포켓몬 볼에 넣는 경우의 수는? (단, 하나의 볼에 두 개 이상의 포켓몬을 넣을 수 있다고 하자.)

(4) 서로 다른 10마리의 포켓몬을 빈 볼이 허용되도록 서로 다른 4개의 포켓몬 볼에 넣는 경우의 수는? (단, 하나의 볼에 두 개 이상의 포켓몬을 넣을 수 있다고 하자.)

(5) 지우가 서로 다른 10마리의 포켓몬을 같은 모양의 4개의 볼에 나누어 넣는 경우의 수는? (단, 빈 볼은

없다.)

(6) 지우가 서로 다른 10마리의 포켓몬을 같은 모양의 4개의 볼에 빈 볼을 허용하여 나누어 넣는 경우의 수는?

(7) 피카츄 한 마리가 10마리나 복사가 되어 지우에게는 같은 모양의 피카츄가 10마리가 있다. 이 같은 모양의 피카츄를 서로 다른 모양의 4개의 볼에 빈 볼이 없도록 나누어 담는 경우의 수는?

(8) (7)에서 빈 볼을 허용하여 나누어 담는 경우의 수는?

(9) 같은 모양의 피카츄 10마리를 같은 모양의 4개의 볼에 빈 볼이 없도록 나누어 담는 경우의 수는?

(10) (9)에서 빈 볼을 허용하여 피카츄를 담는 경우의 수는?

14. 같은 모양의 공 n개를 같은 모양의 k개의 상자에 빈 상자 없이 넣는 경우의 수를 $f(n, k)$, 같은 모양의 공 n개를 다른 모양의 k개의 상자에 빈 상자 없이 넣는 경우의 수를 $g(n, k)$라고 할 때, 〈보기〉에서 옳은 것만을 있는 대로 고르시오.

〈보기〉
ㄱ. $f(8, 3) = 5$
ㄴ. $f(9, 4) = f(5, 4) + f(5, 3) + f(5, 2) + f(5, 1)$
ㄷ. $g(9, 4) = g(3, 3) + g(4, 3) + g(5, 3) + \cdots + g(9, 3)$

15. 다음의 등식이 성립함을 증명하시오.

$$S(n, n-2) = {}_nC_3 + 3 \times {}_nC_4$$

16. 그림과 같이 12개의 같은 모양의 상자를 붙여 만든 상자열에 같은 모양의 흰 공과 검은 공을 넣을 때, ●○ 또는 ○●와 같이 인접한 두 공의 색이 바뀌는 횟수가 k번이 되도록 공을 넣는 경우의 수를 a_k라고 하자. 예를 들어 다음 그림은 $k=5$인 경우의 하나이다. $a_1 + a_2 + a_3 + a_4 + a_5$의 값을 구하여라. (단, 한 상자에는 한 개의 공을 넣는다.)

이항정리와
다항정리

- 이항정리
- 다항정리

이항정리와 다항정리

이제까지 배운 조합의 활용 단원으로서 이항정리와 다항정리를 배워보자. 둘 다 다항식의 곱셈공식으로 각각 $(a+b)^n$, $(a+b+\cdots+c)^n$을 전개하는 방법을 알려준다. 즉, 일반항과 항의 개수가 몇 개인지 알려주니 그 방법을 알아보자.

생각열기

(1) 이항정리(Binomial Theorem)

$\Rightarrow$ $(a+b)^3$를 전개해보자.

① $(a+b)^3=(a+b)(a+b)(a+b)=a^3+3a^2b+3ab^2+b^3$에서 $3ab^2$가 만들어진 과정을 다시 살펴보자.

우선 a^2b가 만들어지려면

$$(\underline{a}+b)(\underline{a}+b)(a+\underline{b})에서\ aab=a^2b$$
$$(\underline{a}+b)(a+\underline{b})(\underline{a}+b)에서\ aba=a^2b$$
$$(a+\underline{b})(\underline{a}+b)(\underline{a}+b)에서\ baa=a^2b$$

즉, a^2b가 만들어지는 방법의 수가 a^2b의 계수인데, 이는 a, a, b의 같은 것이 있는 순열의 수야. 그래서 a^2b의 계수는 $\dfrac{3!}{2!1!}$ 이므로 계수와 항을 같이 나타내면 $\dfrac{3!}{2!1!}a^2b=3a^2b$.

② 게다가 이 결과는 이렇게 생각할 수도 있어.

$(\underline{a}+b)(\underline{a}+b)(a+\underline{b})$에서 $aab=a^2b$가 나오는 것을 공 ⓐ ⓑ가 들어 있는 상자 3개가 있고 첫 번째와 두 번째 상자에서 ⓐ를 꺼내고 세 번째 상자에서 ⓑ를 꺼내는 거야.

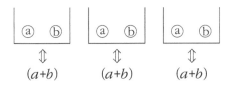

그래서 $(a+b)^3$전개식에서 $3ab^2$가 만들어지는 것은 첫 번째, 두 번째, 세 번째의 ⓐ ⓑ가 들어 있는 3개의 상자에서 ⓐ를 뽑는 상자를 2개 택하고, ⓑ를 뽑는 상자를 1개 택하는 경우의 수와 같아. 그래서 $_3C_2=_3C_1$의 경우만큼 a^2b가 생기는 거지. 따라서 $_3C_2a^2b=_3C_1a^2b=3a^2b$가 되는 거야.

그럼 이 두 번째 사실을 이용해서 $(a+b)^3$전개식의 모든 항을 나타내보면

$$(a+b)^3=_3C_0a^3+_3C_1a^2b+_3C_2ab^2+_3C_3b^3=\sum_{k=0}^{3}{}_3C_ka^{3-k}b^k=\sum_{k=0}^{3}{}_3C_ka^kb^{3-k}$$

1. 이항정리

(1) n이 자연수일 때,

$$(a+b)^n = {}_nC_0 a^n b^0 + {}_nC_1 a^{n-1} b^1 + \cdots + {}_nC_r a^{n-r} b^r + \cdots + {}_nC_n a^0 b^n = \sum_{r=0}^{n} {}_nC_r a^{n-r} b^r$$
$$= {}_nC_0 a^0 b^n + {}_nC_1 a^1 b^{n-1} + \cdots + {}_nC_r a^r b^{n-r} + \cdots + {}_nC_n a^n b^0 = \sum_{r=0}^{n} {}_nC_r a^r b^{n-r}$$

(2) 이항계수 : ${}_nC_0, {}_nC_1, \cdots {}_nC_k, \cdots, {}_nC_n$

(3) 일반항 : ${}_nC_r a^{n-r} b^r$, ${}_nC_r a^r b^{n-r}$ 또는

$$\frac{n!}{r!(n-r)!} a^{n-r} b^r, \quad \frac{n!}{r!(n-r)!} a^r b^{n-r} \Leftarrow a, b가 바뀌어서는 경우의 수로 생각$$

(4) 서로 다른 항의 개수 : $n+1$개

이항정리의 가장 큰 장점은 일반항을 이용하여 원하는 항만 골라 구할 수 있다는 것!

예제1) 이항정리

$(x+\frac{2}{x})^8$의 전개식에서 x^4의 계수를 구하여라. [2018대수능 11월 6번]

풀이 일반항은 ${}_8C_k x^{8-k} \left(\frac{2}{x}\right)^k = {}_8C_k \times 2^k \times x^{8-2k}$이고 x^4의 항은 $8-2k=4$를 만족하는 $k=2$이다. 따라서 구하는 계수는 ${}_8C_2 \times 2^2 = 112$이다.

답 112

문제1) 이항정리

$(x+\frac{1}{3x})^6$의 전개식에서 x^2의 계수를 구하여라. [2017대수능 6월 6번]

---

12) 모든 이항계수 ${}_nC_k(k=0, 1, \cdots, n)$는 자연수이고 이에 관한 증명은 David M. Burton의 Elementary Number Theory, 6th Ed. 정리 6.10에서 확인할 수 있다.

문제2) 이항정리

$(2+x)^4(1+3x)^3$의 전개식에서 x의 계수를 구하여라. [2020대수능 9월 7번]

문제3) 이항정리

$\left(x^2-\dfrac{1}{x}\right)\left(x+\dfrac{2}{x^2}\right)^4$의 전개식에서 x^2의 계수를 구하여라.

예제2) 이항정리

$\dfrac{d}{dx}\left(3x-\dfrac{1}{x}\right)^5$의 전개식에서 상수항을 구하여라.

풀이 $\left(3x-\dfrac{1}{x}\right)^5$의 전개식에서 x의 항을 찾아야 하고 이는 $_5C_3 \times (3x)^3\left(-\dfrac{1}{x}\right)^2 = 270x$이므로 이를 미분하면 상수항 270을 얻는다.

답 270

문제4) 이항정리

$\int (1+2x)^{10}dx$의 전개식에서 x^4의 계수를 구하여라.

2. 이항계수의 성질

n이 자연수일 때,

(1) $(1+x)^n = {}_nC_0 + {}_nC_1 x + {}_nC_2 x^2 + \cdots + {}_nC_n x^n$

(2) $2^n = {}_nC_0 + {}_nC_1 + \cdots + {}_nC_n$

(3) $0 = {}_nC_0 - {}_nC_1 + \cdots + (-1)^n {}_nC_n$

(4) ${}_nC_1 + 2{}_nC_2 + \cdots + n{}_nC_n = n \cdot 2^{n-1}$

(5) ${}_nC_0 + \dfrac{1}{2}{}_nC_1 + \dfrac{1}{3}{}_nC_2 + \cdots + \dfrac{1}{n+1}{}_nC_n = \dfrac{2^{n+1}-1}{n+1}$

(6) ${}_nC_0{}^2 + {}_nC_1{}^2 + {}_nC_2{}^2 + \cdots {}_nC_n{}^2 = \dfrac{(2n)!}{n!n!}$

(7) ${}_rC_r + {}_{r+1}C_r + {}_{r+2}C_r + \cdots + {}_nC_r = {}_{n+1}C_{r+1}$ (단, $n \geq r$)

(8) ${}_nC_0 + {}_{n+1}C_1 + {}_{n+2}C_2 + \cdots + {}_{n+r}C_r = {}_{n+r+1}C_r$

(9) ${}_nC_0 + {}_nC_1 + {}_nC_2 + \cdots + {}_nC_{\frac{n-1}{2}} = 2^{n-1}$ (단, n은 홀수)

(9)* ${}_nC_0 + {}_nC_1 + {}_nC_2 + \cdots + \dfrac{1}{2}{}_nC_{\frac{n}{2}} = 2^{n-1}$ (단, n은 짝수)

(10) ${}_nC_0 - \dfrac{1}{2}{}_nC_1 + \dfrac{1}{3}{}_nC_2 + \cdots + (-1)^n \dfrac{1}{n+1}{}_nC_n = \dfrac{1}{n+1}$

(11) $\dfrac{1}{2}{}_nC_1 + \dfrac{1}{4}{}_nC_3 + \cdots = \dfrac{2^n-1}{n+1}$

(12) ${}_nC_0 + \dfrac{1}{3}{}_nC_2 + \cdots = \dfrac{2^n}{n+1}$

(1) 이항정리를 $(1+x)^n$에 적용하여 얻을 수 있다.

(2) (방법1) (1)이 x에 관한 항등식이므로 (1)에 $x=1$을 대입하면 얻을 수 있다.

(방법2) 집합 $A=\{1, 2, 3, \cdots, n\}$의 부분집합의 개수는 n개의 각 원소가 부분집합에 포함될지 말지의 경우가 존재하므로 2^n가지로 구할 수 있다. 또한, 집합 A의 부분집합은 원소의 개수가 $0, 1, 2, \cdots, n$ 중 하나이므로 이러한 원소의 개수를 갖는 부분집합의 경우의 수는 순서대로 ${}_nC_0, {}_nC_1, {}_nC_2, \cdots, {}_nC_n$이다. 따라서 이들을 모두 더한 것이 모든 부분집합의 개수인 2^n이므로 주어진 등식이 성립한다.

(3) (방법1) (1)이 x에 관한 항등식이므로 (1)에 $x=-1$을 대입하면 얻을 수 있다.

(방법2) 주어진 등식은 다음과 같이 표현된다.
$${}_nC_0+{}_nC_2+{}_nC_4+ \cdots = {}_nC_1+{}_nC_3+{}_nC_5+ \cdots$$
이때, ${}_nC_0+{}_nC_2+{}_nC_4+ \cdots$는 집합 $A=\{1, 2, 3, \cdots, n\}$의 원소에서 짝수개(0포함)의 원소를 갖는 부분집합의 개수를 모두 구한 것인데, 이는 다음과 같이 생각할 수 있다.
$${}_nC_0+{}_nC_2+{}_nC_4+ \cdots$$
$$=(\text{원소 } n \text{을 포함하는 경우})+(\text{원소 } n \text{을 포함하지 않는 경우의 수})$$
$=(n-1\text{개 중 홀수개의 원소를 뽑는 경우})+(n-1\text{개 중 짝수개의 원소를 뽑는 경우의 수})$ --①
또한, ${}_nC_1+{}_nC_3+{}_nC_5+ \cdots$는 집합 A에서 홀수개의 원소를 갖는 부분집합의 개수를 모두 구한 경우의 수인데, 이 또한 다음과 같이 생각할 수 있다.
$${}_nC_1+{}_nC_3+{}_nC_5+ \cdots$$
$$=(\text{원소 } n \text{을 포함하는 경우})+(\text{원소 } n \text{을 포함하지 않는 경우의 수})$$
$=(n-1\text{개 중 짝수개의 원소를 뽑는 경우})+(n-1\text{개 중 홀수개의 원소를 뽑는 경우의 수})$ --②
즉, 두 식 ①,②에서 우변의 결과가 같으므로 주어진 식이 성립한다.

(방법3) 집합 $A=\{1, 2, 3, \cdots, n\}$의 원소에서 짝수개(0포함)의 원소를 택하는 경우의 수 ${}_nC_0+{}_nC_2+{}_nC_4+ \cdots$는 $1, 2, 3, \cdots, n-1$에서의 각 원소가 이 짝수개의 원소에 포함될지 말지의 여부를 결정하는 경우의 수가 2^{n-1}인데, 여기에서 짝수개이든 홀수개이든 선택되어지면 나머지 n번째의 원소의 포함여부가 유일하게 결정되므로 구하는 경우의 수는 2^{n-1}이다. 마찬가지로, 집합 $A=\{1, 2, 3, \cdots, n\}$의 원소에서 홀수개의 원소를 택하는 경우의 수 ${}_nC_1+{}_nC_3+{}_nC_5+ \cdots$는 $1, 2, 3, \cdots, n-1$에서의 각 원소가 홀수개에 포함될지 말지의 여부를 결정하는 경우의 수가 2^{n-1}인데, 여기에서 짝수개이든 홀수개이든 선택되어지면 나머지 n번째의 원소의 포함여부가 유일하게 결정되므로 구하는 경우의 수는 2^{n-1}이다. 따라서 다음을 얻는다.
$${}_nC_0+{}_nC_2+{}_nC_4+ \cdots = 2^{n-1}, \quad {}_nC_1+{}_nC_3+{}_nC_5+ \cdots = 2^{n-1}$$

(4) (방법1) (1)의 양변을 미분한 뒤, $x=1$을 대입하여 얻을 수 있다.

(방법2) 조합에서 배운 등식 $r \,_nC_r = n \,_{n-1}C_{r-1}$를 이용하면

$$_nC_1 + 2\,_nC_2 + \cdots + n\,_nC_n = n\left(_{n-1}C_{1-1} + _{n-1}C_{2-1} + _{n-1}C_{3-1} + \cdots + _{n-1}C_{n-1}\right)$$
$$= n \times 2^{n-1}$$

(5) (방법1) (1)의 양변을 구간 $[0, 1]$에서 적분하여 얻을 수 있다.

(방법2) 위 (4)에서 사용한 등식 $(r+1)\,_{n+1}C_{r+1} = (n+1)\,_nC_r$이 $\frac{1}{n+1}\,_{n+1}C_{r+1} = \frac{1}{r+1}\,_nC_r$임을 이용하면

$$_nC_0 + \frac{1}{2}\,_nC_1 + \frac{1}{3}\,_nC_2 + \cdots + \frac{1}{n+1}\,_nC_n = \frac{1}{n+1}\left(_{n+1}C_1 + _{n+1}C_2 + _{n+1}C_3 + \cdots + _{n+1}C_{n+1}\right)$$

$$= \frac{1}{n+1}\left(2^{n+1} - _{n+1}C_0\right) = \frac{1}{n+1}\left(2^{n+1} - 1\right)$$

(6) (방법1) 항등식 $(1+x)^{2n} = (1+x)^n \times (1+x)^n$의 전개식에서 양변의 x^n의 계수를 비교하여 주어진 등식을 얻을 수 있다.

(방법2) n명의 여자, n명의 남자로 구성된 $2n$명의 집합에서 n명의 대표를 뽑는 경우의 수 $_{2n}C_n$는 여자가 k명일 때, 남자는 $n-k$명 뽑아야 하는 경우의 수의 합($k=1, 2, \cdots, n$)이므로 다음과 같이 구할 수 있다.

$$_{2n}C_n$$
$$= \,_nC_0\,_nC_n + \,_nC_1\,_nC_{n-1} + \,_nC_2\,_nC_{n-2} + \cdots + \,_nC_n\,_nC_0$$
$$= \,_nC_0^{\,2} + \,_nC_1^{\,2} + \,_nC_2^{\,2} + \cdots + \,_nC_n^{\,2}$$

(방법3) $n \times n$칸의 도로망에서 대각선 양 끝에 있는 한 점 A에서 출발하여 다른 한 점 B에 도착하는 최단 경로의 수는 '도로망에서의 최단 경로의 수'에서 배운 '최단 경로의 분할을 구성하는 $n+1$개의 경유 지점 $P_i (i=0, 1, 2, \cdots, n)$'을 이용하여 구할 수 있다.

예를 들면 $n=4$일 때,

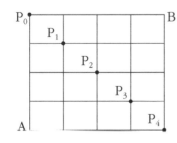

왼쪽 도로망에서 한 점 A에서 다른 한 점 B로 가는 최단 경로는 대각선 위에 있는 점 $P_i (i=0, 1, \cdots, 4)$ 중, 딱 점만 지나야하고 반드시 한 점을 지나야 한다. 그럼,

(점 A에서 B로 가는 최단 경로의 수)

$$= \sum_{i=0}^{4} (P_i를\ 경유하는\ 최단\ 경로의\ 수)$$

이고, 일반항을 아래와 같이 구할 수 있다.

(점 A에서 B로 가는 경로 중, P_i를 경유하는 최단 경로의 수)

= (A→P_i로 가는 경우의 수)×(P_i→B로 가는 경우의 수) = $_4C_i \times _4C_{4-i}$

따라서 아래의 등식으로부터 주어진 등식이 성립한다.

(점 A에서 B로 가는 최단 경로의 수) = $\sum_{i=0}^{4} {_4C_i} \times {_4C_{4-i}}$

이를 일반화하면 $n \times n$칸의 도로망에서

(점 A에서 B로 가는 최단 경로의 수) = $\sum_{i=0}^{n} {_nC_i} \times {_nC_{n-i}} = \sum_{i=0}^{n} ({_nC_i})^2$

(7) (방법1) 'ㄱ법칙'이라고 불리는 등식 $_{n-1}C_{r-1} + _{n-1}C_r = _nC_r$를 이용하면 뒤에서 배우는 파스칼의 삼각형을 이용하여 구할 수 있다.

(방법2) 1번부터 $(n+1)$번까지의 자리에서 $(r+1)$개의 자리를 택하는 경우의 수는 $_{n+1}C_{r+1}$이다.

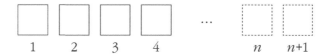

이 경우의 수는 다음과 같이 분할하여 생각할 수 있다.

① 1번 자리를 택하고 2번 이상의 자리로 r개 택하는 경우 ⇨ $_nC_r$

② 2번 자리를 택하고 3번 이상의 자리로 r개 택하는 경우 ⇨ $_{n-1}C_r$

③ 3번 자리를 택하고 4번 이상의 자리로 r개 택하는 경우 ⇨ $_{n-2}C_r \cdots$

④ $(n-r+1)$번 자리를 택하고 $(n-r+2)$번 이상의 자리로 r개 택하는 경우 ⇨ $_rC_r$

즉, ①~④의 경우의 수의 합이 $_{n+1}C_{r+1}$과 같으므로 다음의 결과를 얻는다.

$$_nC_r + _{n-1}C_r + _{n-2}C_r + \cdots + _rC_r = _{n+1}C_{r+1}$$

(방법3) $x \neq 0$인 모든 실수 x에 대해 다음 등식이 성립한다.

$$1 + (1+x) + (1+x)^2 + \cdots + (1+x)^n = \frac{(1+x)^{n+1} - 1}{x} \ (x \neq 0)$$

이 등식에서 양변의 x^r의 계수를 비교하면 좌변에서의 x^r의 계수는 $_nC_r + _{n-1}C_r \cdots + _rC_r$이고, 우변의 x^r의 계수는 $_{n+1}C_{r+1}$이므로 주어진 등식이 성립한다.

$$_rC_r + _{r+1}C_r + _{r+2}C_r + \cdots + _nC_r = _{n+1}C_{r+1}$$

(8) (방법1) 'ㄱ법칙'이라고 불리는 등식 $_{n-1}C_{r-1}+_{n-1}C_r=_nC_r$를 이용하면 뒤에서 배우는 파스칼의 삼각형을 이용하여 구할 수 있다.

(방법2) 1번부터 $(n+r+1)$번까지의 자리에서 r개의 자리를 택하는 경우의 수는 $_{n+r+1}C_r$이다.

이 경우의 수는 다음과 같이 분할하여 생각할 수 있다.

① 1번 자리를 제외하고 2번 이상의 자리에서 r개 택하는 경우 $\Rightarrow$ $_{n+r}C_r$

② 1번 자리는 택하고, 2번 자리는 제외하여 3번 이상의 자리로 $(r-1)$개 택하는 경우 $\Rightarrow$ $_{n+r-1}C_{r-1}$

③ 1번, 2번 자리는 택하고, 3번 자리는 제외하고 4번 이상의 자리로 $r-2$개 택하는 경우 $\Rightarrow$ $_{n+r-2}C_{r-2}$

④ 1번부터 r번 자리까지 택하고, $(r+1)$번 자리는 제외하고 $(r+2)$번 이상의 자리로 0개 택하는 경우
$\Rightarrow$ $_nC_0$

즉, ①~③의 경우의 수의 합이 $_{n+r+1}C_r$과 같으므로 다음의 결과를 얻는다.

$$_nC_0+_{n+1}C_1+_{n+2}C_2+\cdots+_{n+r}C_r=_{n+r+1}C_r$$

(방법3) $(r+1)\times(n-r)$칸의 도로망에서 대각선 양 끝에 있는 한 점 A에서 출발하여 다른 한 점 B에 도착하는 최단 경로의 수는 경유 지점 P_i를 이용하여 구할 수 있다.

예를 들면 4×4일 때,

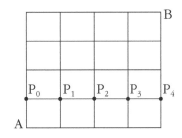

왼쪽 도로망에서 한 점 A에서 다른 한 점 B로 가는 최단 경로는 점 A에서 출발하여 →가 먼저 연속적으로 i칸, ↑는 마지막에 한 칸 가면 그림의 점 $P_i(i=0, 1, \cdots, 4)$에 딱 한 가지의 경우의 수로 도달하고 이후 점 P_i에서 점 B까지 도달하는 경우의 수를 고려해주면 된다. 즉,

(점 A에서 B로 가는 최단 경로의 수)
$=\displaystyle\sum_{i=0}^{4}$ ($P_i\to$B로 가는 경로의 수)

이때, (최단 경로의 수)$=_8C_4$이고, 우변의 일반항은 아래와 같이 구할 수 있다.

$$(P_i\to\text{B로 가는 경로의 수})=_{8-(1+i)}C_{4-i}$$

따라서 아래의 등식으로부터 주어진 등식이 성립한다.

$$_8C_4=(\text{점 A에서 B로 가는 최단 경로의 수})=\sum_{i=0}^{4}{}_{7-i}C_{4-i}$$

이를 일반화하면 $(r+1)\times(n-r)$칸의 도로망에서 대각선 양 끝에 있는 두 점 A, B에 대하여 A에서 B로 가는 최단경로의 수는 다음과 같은 등식으로 구할 수 있다.

$$_{(n-r)+(r+1)}C_{r+1}=\sum_{i=0}^{r+1}{}_{n-i}C_{r+1-i}$$

(9) (방법1) n이 홀수이면, 이항계수 $_nC_k (k=0, 1, 2, \cdots, n)$는 모두 $n+1$개이므로 짝수개이다.

또한, $_nC_r = {_nC_{n-r}}$임을 이용하면 $_nC_0 + {_nC_1} + {_nC_2} + \cdots + {_nC_{\frac{n-1}{2}}} = {_nC_{\frac{n+1}{2}}} + {_nC_{\frac{n+3}{2}}} + \cdots + {_nC_n}$이므로 $\left(_nC_0 + {_nC_1} + {_nC_2} + \cdots + {_nC_{\frac{n-1}{2}}} \right) + \left(_nC_{\frac{n+1}{2}} + {_nC_{\frac{n+3}{2}}} + \cdots + {_nC_n} \right) = 2^n$에서 다음을 얻는다.

$$_nC_0 + {_nC_1} + {_nC_2} + \cdots + {_nC_{\frac{n-1}{2}}} = {_nC_{\frac{n+1}{2}}} + {_nC_{\frac{n+3}{2}}} + \cdots + {_nC_n} = 2^{n-1}$$

(9)* n이 짝수이면, 이항계수 $_nC_k (k=0, 1, 2, \cdots, n)$는 모두 $n+1$개이므로 홀수개이다. 이때, $_nC_r = {_nC_{n-r}}$임을 이용하여 같은 두 개의 이항계수끼리 짝을 지으면, 가운데 이항계수 $_nC_{\frac{n}{2}}$가 남는다. 이때, 짝수 n에 대하여 $_nC_{\frac{n}{2}}$는 짝수이므로[13] 다음을 얻는다.

$$_nC_0 + {_nC_1} + {_nC_2} + \cdots + \frac{1}{2}{_nC_{\frac{n}{2}}} = {_nC_n} + {_nC_{n-1}} + {_nC_{n-2}} + \cdots + \frac{1}{2}{_nC_{\frac{n}{2}}}$$

이때, $\left(_nC_0 + {_nC_1} + {_nC_2} + \cdots + \frac{1}{2}{_nC_{\frac{n}{2}}} \right) + \left(_nC_n + {_nC_{n-1}} + {_nC_{n-2}} + \cdots + \frac{1}{2}{_nC_{\frac{n}{2}}} \right) = 2^n$이므로 다음을 얻는다.

$$_nC_0 + {_nC_1} + {_nC_2} + \cdots \frac{1}{2}{_nC_{\frac{n}{2}}} = {_nC_n} + {_nC_{n-1}} + {_nC_{n-2}} + \cdots \frac{1}{2}{_nC_{\frac{n}{2}}} = 2^{n-1}$$

(10), (11), (12)에 대한 증명은 단원 종합 문제로 남긴다.

---

[13] 모든 이항계수 $_nC_k$가 자연수임은 이미 앞에서 확인했으므로 자연수 n이 짝수일 때, $_nC_{\frac{n}{2}}$가 짝수인지만 증명하면 된다. n이 짝수이면 자연수 k가 존재해서 $n=2k$이다. 이때,

$$_nC_{\frac{n}{2}} = {_{2k}C_k} = \frac{2k(2k-1)(2k-2)\cdots(k+1)}{k \times (k-1) \times \cdots \times 2 \times 1} = 2\frac{(2k-1)(2k-2)\cdots(k+1)}{(k-1) \times \cdots \times 2 \times 1} = 2 \cdot {_{2k-1}C_{k-1}}$$

이므로 짝수가 된다.

예제3) 이항계수의 성질

서로 다른 과자 9개에서 5개 이상의 과자를 선택하는 모든 경우의 수를 구하여라.

풀이 서로 다른 과자 9개에서 5개를 택하는 경우의 수는 $_9C_5$,

서로 다른 과자 9개에서 6개를 택하는 경우의 수는 $_9C_6$, ⋯,

서로 다른 과자 9개에서 9개를 택하는 경우의 수는 $_9C_9$이므로 구하는 경우의 수는

$$_9C_5 + {}_9C_6 + \cdots + {}_9C_9 = 2^{9-1} = 256$$

문제5) 이항계수의 성질

다항식 $(1+x)^{10}$의 전개식에서 차수가 육차 이상인 항들의 계수의 합을 구하여라.

3. 파스칼의 삼각형

(1) 기본 성질 : $_nC_r =\ _{n-1}C_{r-1} +\ _{n-1}C_r$

(2) 파스칼의 삼각형

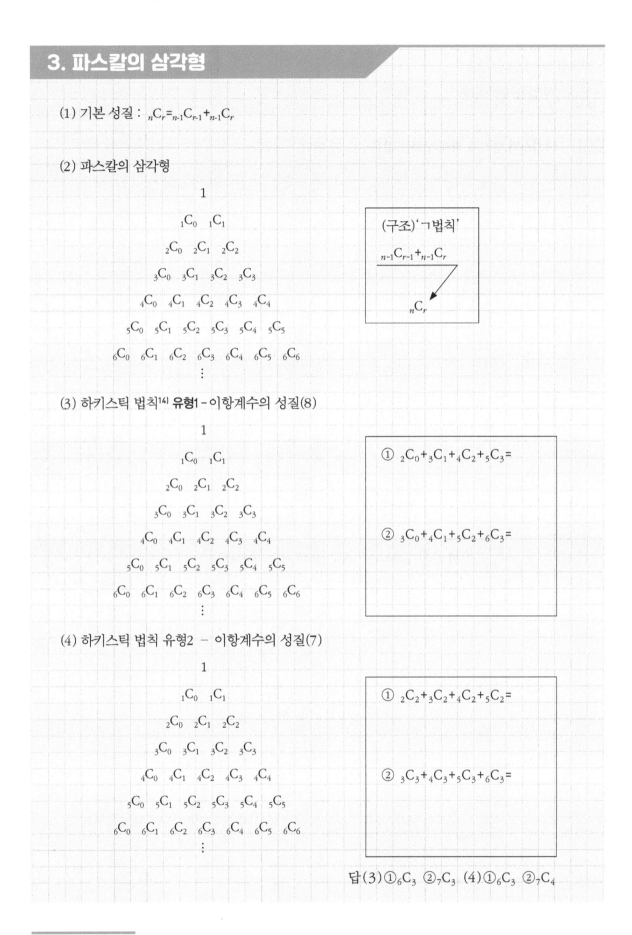

$$1$$
$$_1C_0 \quad _1C_1$$
$$_2C_0 \quad _2C_1 \quad _2C_2$$
$$_3C_0 \quad _3C_1 \quad _3C_2 \quad _3C_3$$
$$_4C_0 \quad _4C_1 \quad _4C_2 \quad _4C_3 \quad _4C_4$$
$$_5C_0 \quad _5C_1 \quad _5C_2 \quad _5C_3 \quad _5C_4 \quad _5C_5$$
$$_6C_0 \quad _6C_1 \quad _6C_2 \quad _6C_3 \quad _6C_4 \quad _6C_5 \quad _6C_6$$
$$\vdots$$

(구조)'ㄱ법칙'

$$_{n-1}C_{r-1} +\ _{n-1}C_r$$

$$_nC_r$$

(3) 하키스틱 법칙[14] **유형1** – 이항계수의 성질(8)

$$1$$
$$_1C_0 \quad _1C_1$$
$$_2C_0 \quad _2C_1 \quad _2C_2$$
$$_3C_0 \quad _3C_1 \quad _3C_2 \quad _3C_3$$
$$_4C_0 \quad _4C_1 \quad _4C_2 \quad _4C_3 \quad _4C_4$$
$$_5C_0 \quad _5C_1 \quad _5C_2 \quad _5C_3 \quad _5C_4 \quad _5C_5$$
$$_6C_0 \quad _6C_1 \quad _6C_2 \quad _6C_3 \quad _6C_4 \quad _6C_5 \quad _6C_6$$
$$\vdots$$

① $_2C_0 +\ _3C_1 +\ _4C_2 +\ _5C_3 =$

② $_3C_0 +\ _4C_1 +\ _5C_2 +\ _6C_3 =$

(4) 하키스틱 법칙 유형2 – 이항계수의 성질(7)

$$1$$
$$_1C_0 \quad _1C_1$$
$$_2C_0 \quad _2C_1 \quad _2C_2$$
$$_3C_0 \quad _3C_1 \quad _3C_2 \quad _3C_3$$
$$_4C_0 \quad _4C_1 \quad _4C_2 \quad _4C_3 \quad _4C_4$$
$$_5C_0 \quad _5C_1 \quad _5C_2 \quad _5C_3 \quad _5C_4 \quad _5C_5$$
$$_6C_0 \quad _6C_1 \quad _6C_2 \quad _6C_3 \quad _6C_4 \quad _6C_5 \quad _6C_6$$
$$\vdots$$

① $_2C_2 +\ _3C_2 +\ _4C_2 +\ _5C_2 =$

② $_3C_3 +\ _4C_3 +\ _5C_3 +\ _6C_3 =$

답 (3) ① $_6C_3$ ② $_7C_3$ (4) ① $_6C_3$ ② $_7C_4$

---

14) 하키스틱 모양은 한 변이 긴 ㄱ자 모양인데, 주어진 이항계수들의 연속적인 덧셈과 그 결과의 모양이 하키스틱처럼 생겼다고 하여 '하키스틱 법칙'이라고도 부른다.

예제4) 파스칼의 삼각형

$\sum\limits_{k=4}^{10} {}_k C_4$의 값을 구하여라.

풀이 하키스틱 법칙에 의해 구하는 값은 ${}_{11}C_5$가 된다.

답 ${}_{11}C_5$

문제6) 파스칼의 삼각형

${}_5C_3 + {}_6C_4 + {}_7C_5 + {}_8C_6 + {}_9C_7$의 값을 구하여라. [2017대수능 9월 17번 발췌]

예제5) 중복조합(5)

부등식 $x+y+z \leq 5$의 음이 아닌 정수해의 개수를 구하여라.

풀이 방정식 $x+y+z=5$의 해의 개수는 $_3H_5$,

방정식 $x+y+z=4$의 해의 개수는 $_3H_4$, ⋯ 방정식 $x+y+z=0$의 해의 개수는 $_3H_0$이고, 이들을 모두

더하면 $_3H_0 + _3H_1 + \cdots + _3H_4 + _3H_5$이고 하키스틱 법칙을 이용하면 주어진 식은 다음과 같다. 따라서

$_3H_0 + _3H_1 + \cdots + _3H_4 + _3H_5 = {}_2C_0 + {}_3C_1 + \cdots + {}_7C_5 = {}_8C_5 = 56$

답 56

문제7) 파스칼의 삼각형

다음의 등식을 만족하는 두 양의 정수 x, y를 n과 r을 이용하여 나타내어라.

$$_nH_0 + _nH_1 + \cdots + _nH_{r-1} + _nH_r = {}_xH_y$$

143

(1) 다항정리

성질(1) 예를 들어 $(a+b+c)^4$을 전개해보자.

$$(a+b+c)^4=(a+b+c)(a+b+c)(a+b+c)(a+b+c)$$

$=a^4+4a^3b+\cdots 12ab^2c+\cdots +4b^3c+\cdots +c^4$에서 $12ab^2c$가 만들어진 과정을 다시 살펴보자.

우선 ab^2c가 만들어지려면

$(a+b+c)(a+b+c)(a+b+c)(a+b+c)$에서 $abbc=ab^2c$

$(a+b+c)(a+b+c)(a+b+c)(a+b+c)$에서 $abcb=ab^2c$

$$\vdots$$

$(a+b+c)(a+b+c)(a+b+c)(a+b+c)$에서 $acbb=ab^2c$

즉, 위와 같이 전개한 ab^2c를 다 더해야하니까 위와 같이 네 개의 $(a+b+c)$에서 하나의 항을 선택해 곱하여 ab^2c가 만들어지는 방법의 수가 ab^2c의 계수인데, 이는 a, b, b, c의 같은 것이 있는 순열의 수야. 그래서 ab^2c의 계수는 $\dfrac{4!}{1!2!1!}$이므로 계수와 항을 같이 나타내면 $\dfrac{4!}{1!2!1!}ab^2c=12ab^2c$.

이 사실을 이용해서 $(a+b+c)^4$의 전개식의 일반항을 구해보면

$$\frac{4!}{p!q!r!}a^p b^q c^r (p+q+r=4)$$

성질(2) $(a+b+c)^4$의 전개식의 일반항이 $\dfrac{4!}{p!q!r!}a^p b^q c^r(p+q+r=4)$이므로 서로 다른 항의 개수는 $p+q+r=4$의 음이 아닌 정수해의 개수이므로 $_3H_4$개다.

성질(3) 계수의 합은 전개한 후 문자에 $x=1$을 대입하여 구하는데, 이는 사실 전개식이 '항등식'이라는 사실을 이용하면 전개하기 전에 $x=1$을 대입해서도 계수들의 합을 구할 수 있다. 즉, 전개하기 전이나 후의 식의 모든 문자에 $x=1$을 대입하면 계수들의 합을 구할 수 있으므로 $(a+b+c)^n$의 계수의 합은 $a=b=c=1$을 대입하여 3^n이라고 구할 수 있다.

4. 다항정리

n이 자연수일 때, $(a+b+c)^n$의 전개식에서

(1) 일반항 : $\dfrac{n!}{p!q!r!}a^p b^q c^r$ ($p+q+r=n$이고 p, q, r은 음이 아닌 정수해)

(2) 서로 다른 항의 개수 : (계수)$\times a^p b^q c^r$꼴의 항이 $p+q+r=n$이고 p, q, r은 음이 아닌 정수를 만족 $\Rightarrow {}_3H_n$개

(3) 모든 계수의 합 : 3^n ($a=b=c=1$을 대입)

예제6) 다항정리

$(x+y+z)^5$의 전개식에서 x^2z^3의 계수를 구하시오.

풀이 $(x+y+z)^5$의 전개식에서 일반항은 $\dfrac{(l+m+n)!}{l!m!n!}x^l y^m z^n$이다.

이때, x^2y^3의 계수는 $l=2$, $m=0$, $n=3$이어야 하므로

$\dfrac{(2+0+3)!}{2!0!3!}=10$이다.

답 10

문제8) 다항정리

$(x+y+5z)^4$의 전개식에서 yz^3의 계수와 항을 구하시오.

예제7) 다항정리

$\{(a+b)^4+c\}^7$을 전개할 때 서로 다른 항의 개수를 구하여라.

풀이

$$\{(a+b)^4+c\}^7 = \sum_{k=0}^{7} {}_7C_k(a+b)^{4k}c^{7-k}$$

이때, $(a+b)^{4k}$는 $(4k+1)$개의 서로 다른 항을 가지고 있고, ${}_7C_k(a+b)^{4k}c^{7-k}$의 항의 개수는 $(a+b)^{4k}$의 개수와 같다. 따라서 구하는 서로 다른 항의 개수는 $\sum_{k=0}^{7}(4k+1)=120$(개)이다.

답 120

문제9) 다항정리

$(2+x+y)^5$의 전개식에 대해 다음 물음에 답하시오.

(1) xy^2의 계수

(2) 서로 다른 항의 개수

(3) 모든 계수의 합

[이항정리와 다항정리]]

1. 다항식 $(x+a^2)^n$과 $(x^2-2a)(x+a)^n$의 전개식에서 x^{n-1}의 계수가 같게 되는 두 자연수 a와 n의 관계식을 구하시오.

2. 70^{30}을 69와 69^2으로 나눈 나머지를 각각 구하여라.

3. $\{a+(b+c)^2\}^8$을 a, b, c에 대한 다항식으로 전개할 때, 다음을 구하여라.

(1) $a^3b^6c^4$의 계수

(2) 서로 다른 항의 개수

(3) 모든 항의 계수의 총합

4. $(1+x)^m(1+x^2)^n$ (m, n은 자연수)의 전개식에서 x^2의 계수가 12일 때, 다음을 구하여라.

(1) x항 계수의 최댓값   (2) x^3항 계수의 최댓값

5. 다항식 $2(x+a)^n$의 전개식에서 x^{n-1}의 계수와 다항식 $(x-1)(x+a)^n$의 전개식에서 x^{n-1}의 계수가 같게 되는 모든 순서쌍 (a, n)에 대하여 an의 최댓값을 구하여라. (단, a, n는 자연수)

6. 다음을 증명하여라.

(1) $_nC_0 - \dfrac{1}{2}\,_nC_1 + \dfrac{1}{3}\,_nC_2 + \cdots + (-1)^n \dfrac{1}{n+1}\,_nC_n = \dfrac{1}{n+1}$

(2) $\dfrac{1}{2}\,_nC_1 + \dfrac{1}{4}\,_nC_3 + \cdots = \dfrac{2^n-1}{n+1}$

(3) $_nC_0 + \dfrac{1}{3}\,_nC_2 + \cdots = \dfrac{2^n}{n+1}$

7. $\displaystyle\sum_{k=0}^{49} (-1)^k\,_{99}C_{2k}$의 값을 구하여라.

8. 0이상의 두 상수 p, q가 $p+q=1$을 만족할 때, 다음 등식이 성립함을 증명하시오.
$$\sum_{r=0}^{n} (r \times\,_nC_r\, p^r q^{n-r}) = np$$

9. $3^5 + {}_5C_1 3^4 (x^2+2) + {}_5C_2 3^3 (x^2+2)^2 + \cdots + (x^2+2)^5$의 전개식에서 x^6의 계수를 구하여라.

10. 1부터 10까지의 자연수와 여섯 개의 문자 a, b, c, d, e, f를 각각 하나씩 적은 크기와 모양이 같은 공 16개가 주머니에 들어 있다. 이 주머니에서 짝수 개의 공을 동시에 꺼낼 때, 자연수가 적힌 공의 개수가 홀수가 되도록 꺼내는 경우의 수를 구하여라.

11. 다음 물음에 답하여라.

(1) $(a+b+c+d)^8$의 전개식에서 서로 다른 항의 개수를 m, 방정식 $x+y+z+w=8$의 음이 아닌 정수해의 개수를 n, 부등식 $x+y+z \leq 8$의 음이 아닌 정수해의 개수를 p라 하면

$$m = n = p$$

임을 증명하여라.

(2) 등식 ${}_nH_0 + {}_nH_1 + {}_nH_2 + \cdots + {}_nH_r = {}_{n+1}H_r$을 증명하여라.

12. $\{1, 2, \cdots, 200\}$의 부분집합 중 원소의 합이 5의 배수인 부분집합의 개수를 구하시오.

포함과 배제의 원리

- 포함과 배제의 원리
- 교란수

포함과 배제의 원리

앞에서는 우리가 경우의 수 맨 처음 배울 때 '두 사건 A 또는 B가 일어나는 경우의 수'를 '일반화된 합의 법칙 $n(A \cup B)=n(A)+n(B)-n(A \cap B)$'으로 배웠었지? 이것을 일반화 한 게 바로 '포함과 배제의 원리'야. 사람들은 간단히 '포배'라고 부르기도 하더라고.

생각열기

(1) 포함과 배제의 원리

사건들의 열 $A_1, A_2, \cdots, A_N$ 중에서 사건 A_i가 적어도 하나 일어날 경우의 수는 $n(A_1 \cup A_2 \cdots \cup A_N)$ 이고 이를 구하는 과정을 알아보자.

우선 $N=2$일 때,

$$n(A_1 \cup A_2)=n(A_1)+n(A_2)-n(A_1 \cap A_2)$$

$N=3$일 때,

$$n(A_1 \cup (A_2 \cup A_3))=n(A_1)+n(A_2 \cup A_3)-n(A_1 \cap (A_2 \cup A_3))$$
$$= n(A_1)+\{n(A_2)+n(A_3)-n(A_2 \cap A_3)\}-\{n(A_1 \cap A_2)+n(A_1 \cap A_3)-n(A_1 \cap A_2 \cap A_3)\}$$
$$= n(A_1)+n(A_2)+n(A_3)-\{n(A_1 \cap A_2)+n(A_1 \cap A_3)+n(A_2 \cap A_3)\}+n(A_1 \cap A_2 \cap A_3)$$

$N=4$일 때,

$$n(A_1 \cup (A_2 \cup A_3 \cup A_4))=n(A_1)+n(A_2 \cup A_3 \cup A_4)-n(A_1 \cap (A_2 \cup A_3 \cup A_4))$$
$$= n(A_1)+n(A_2)+n(A_3)+n(A_4)$$
$$-\{n(A_1 \cap A_2)+n(A_1 \cap A_3)+n(A_1 \cap A_4)+n(A_2 \cap A_3)+n(A_2 \cap A_4)+n(A_3 \cap A_4)\}$$
$$+\{n(A_1 \cap A_2 \cap A_3)+n(A_1 \cap A_2 \cap A_4)+n(A_1 \cap A_3 \cap A_4)+n(A_2 \cap A_3 \cap A_4)\}$$
$$-n(A_1 \cap A_2 \cap A_3 \cap A_4)$$

이와 같은 방법으로 확장하면 다음과 같은 일반식을 유도할 수 있고, 이는 수학적 귀납법으로 증명이 가능하다.

$$n(\bigcup_{i=1}^{N} A_i)= \sum_{i=1}^{N} n(A_i)- \sum_{i<j}^{N} n(A_i \cap A_j)+ \sum_{i<j<k}^{N} n(A_i \cap A_j \cap A_k)+ \cdots$$
$$+(-1)^{N+1} \times n(A_1 \cap A_2 \cap \cdots \cap A_N)$$

이때, $\sum_{i<j}^{N} n(A_i \cap A_j)$에 들어있는 일반항의 개수는 $1 \le i < j \le N$을 만족하는 순서쌍 (i, j)의 개수이므로 $_N C_2$이고, $\sum_{i<j<k}^{N} n(A_i \cap A_j \cap A_k)$의 일반항의 개수는 $_N C_3$이다.

1. 포함과 배제의 원리

$$n(\bigcup_{i=1}^{N} A_i) = \sum_{i=1}^{N} n(A_i) - \sum_{i<j}^{N} n(A_i \cap A_j) + \sum_{i<j<k}^{N} n(A_i \cap A_j \cap A_k) - \cdots$$

$$+ (-1)^{N+1} \times n(A_1 \cap A_2 \cap \cdots \cap A_N)$$

예제1) 포함과 배제의 원리

어느 학교의 1학년은 모두 120명이라고 한다. 이 학생들 중 물리수업을 듣는 학생은 40, 화학수업을 듣는 학생은 40명, 생명공학 수업을 듣는 학생 40명이다. 두 과목을 듣는 학생이 각각 20명, 세 과목 모두 듣는 학생은 10명이다. 한 과목도 듣지 않는 학생은 몇 명인지 구하여라.

풀이

전체 집합을 U, 물리 수업을 듣는 학생을 P, 화학 수업을 듣는 학생을 C, 생명공학 수업을 듣는 학생은 B라고 하면 다음과 같다.

$$n(U)=120, n(P)=40, n(C)=40, n(B)=40$$

$$n(P \cap C)=20, n(P \cap B)=20, n(C \cap B)=20, n(P \cap C \cap B)=10$$

이다. 따라서 한 과목도 듣지 않는 학생의 수는

$$n(P^c \cap C^c \cap B^c)=n(U)-n(P \cup C \cup B)=120-40 \times 3+20 \times 3-10=50$$

답 50

문제1) 포함과 배제의 원리

60보다 작거나 같으면서 60과 서로 소인 양의 정수의 개수를 구하여라.

예제2) 포함과 배제의 원리

학생 5명을 세 개의 자동차에 A, B, C에 태우는 경우의 수를 구하여라. (단, 빈 자동차가 없도록 태워야 하며 각 자동차는 5명을 태울 만큼 넓다.)

풀이   주어진 경우의 수는 함수 $f : \{1, 2, 3, 4, 5\} \rightarrow \{a, b, c\}$가 치역과 공역이 같은 경우의 수를 구하는 것과 같다. 포함과 배제의 원리를 이용하면

$$3^5 - {}_3C_1 \cdot 2^5 + {}_3C_2 \cdot 1^5 - 0 = 150\,(가지)$$

답 150

문제2) 포함과 배제의 원리

사과 10개, 배 3개, 귤 4개, 수박 5개에서 10개를 택하여 하나의 과일 바구니를 만드는 경우의 수를 구하여라. (단, 같은 종류의 과일은 구분하지 않는다.)

교란수

앞에서 배운 '포함과 배제의 원리'는 복잡한 여러 경우의 수를 구할 때, 널리 쓰이는 성질이다. 이 성질을 이용해서 구하는 특성한 경우의 수 중 하나가 바로 '교란수'이다. n개의 순열에서 어떤 대상도 자기 자리에 서 있지 않는 경우의 수를 물어보는 교란수를 '포배'를 이용해서 구해보자.

생각열기

(1) 교란수(Derangement)

교란수는 다음의 '모자 문제'로도 유명하다.

> 'n명의 사람이 모두 모자를 쓰고 회의에 왔는데, 모자를 모두 벽에 걸어두었다가, 회의가 끝나고 다시 모자를 집어 썼을 경우 아무도 자기 모자를 안 쓰고 있을 경우의 수'

회의에 참가한 n명의 번호를 1번부터 n번까지 부여하고 k번 사람의 모자를 $H_k(k=1, 2, \cdots, n)$라고 할 때, 구하는 경우는 각 자연수 n의 값에 따라 다음과 같다.

$n=1$일 때, 불가능

$n=2$일 때, 가능한 배열은 $H_2 H_1$ ⇨ 한 가지

$n=3$일 때, 가능한 배열은 $H_2 H_3 H_1, H_3 H_1 H_2$ ⇨ 두 가지

이제 n이 커질수록 일일이 구하는 것이 쉽지 않기 때문에 이를 구하기 위해 다음의 문제로 바꾸어 생각해 볼 수 있다.

> '정의역과 치역이 같은 일대일대응이 있을 때, 각 원소가 자기 자신에 대응되지 않는 일대일대응인 함수의 개수'

즉, $f : \{1, 2, 3, \cdots, n\} \rightarrow \{1, 2, 3, \cdots, n\}$에 대해

$$f(i)=a_i \ (i=1, 2, \cdots, n)(a_1 \neq 1, a_2 \neq 2, a_3 \neq 3, \cdots, a_n \neq n)$$

를 만족하는 함수 f에 대하여

$$a_1 a_2 \cdots a_n$$

를 집합 $\{1, 2, 3, \cdots, n\}$의 교란(Derangement)이라고 한다. 또한, 구하고자 하는 일대일대응인 함수 f의 개수를 **교란수**라 하고 D_n이라고 쓴다.

이제 교란수 D_n을 구해보자.

$\{1, 2, 3, \cdots, n\}$의 모든 순열의 집합을 U라 하고, U 중에서 i가 자기의 자리에 놓인 순열의 집합을 A_i라 하자. 그러면 $D_n = n(A_1^c \cap A_2^c \cap \cdots A_n^c)$이다.

$$n(U) = n!, \ n(A_i) = (n-1)!, \ n(A_i \cap A_j) = (n-2)!$$

이와 같이 계속하면, $(A_1 \cap A_2 \cap \cdots A_n) = (n-n)! = 0! = 1$

포함과 배제의 원리에 의하여 교란수 D_n는 다음과 같다.

$$D_n = n! - {}_nC_1(n-1)! + {}_nC_2(n-2)! - \cdots + (-1)^n {}_nC_n 0!$$
$$= n!\left(1 - \frac{1}{1!} + \frac{1}{2!} - \frac{1}{3!} + \cdots + (-1)^n \frac{1}{n!}\right) \ \text{-----}(*)$$

즉, 교란수 D_n의 일반항은 위 식 $(*)$와 같고, 이를 나타내는 점화식(수열의 귀납적 정의)는 뒤 문제에서 구해보기로 한다.

1. 교란수

(1) 집합 $\{1, 2, 3, \cdots, n\}$를 정의역과 공역으로 하는 일대일대응이 있을 때, 각 원소가 자기 자신에 대응되지 않는 일대일대응인 함수의 개수를 교란수라고 하고 D_n으로 쓴다.

(2) $D_n = n!\left(1 - \frac{1}{1!} + \frac{1}{2!} - \cdots + (-1)^n \frac{1}{n!}\right)$

참고) 위 (2)의 식은 간단히 쓰면 $D_n = n!\left(\frac{1}{2!} - \frac{1}{3!} + \cdots + (-1)^n \frac{1}{n!}\right)$ 와 같다.

예) $D_1 = 0, \ D_2 = 1, \ D_3 = 2, \ D_4 = 9$

예제1) 교란수

수험생 5명의 수험표를 섞어서 임의로 나누어 줄 때 5명 모두가 다른 사람의 수험표를 받는 경우의 수를 구하여라.

풀이 수험생과 수험표에 번호를 매겨 일렬로 배열할 때 모두 자기의 번호인 수험표를 받지 못하는 경우의 수이므로 바로 교란수 D_5이다.

$$\therefore D_5 = 5!\left(1 - \frac{1}{1!} + \frac{1}{2!} - \frac{1}{3!} + \frac{1}{4!} - \frac{1}{5!}\right) = 60 - 20 + 5 - 1 = 44$$

문제1) 교란수

함수 $f : \{a_1, a_2, a_3, a_4, a_5, a_6\} \longrightarrow \{a_1, a_2, a_3, a_4, a_5, a_6\}$가 치역과 공역이 같을 때, $f(a_i) = a_i$인 원소 a_i가 오직 세 개만 존재한다. 이를 만족하는 함수 f의 개수를 구하여라.

추가TIP

교란수의 수열의 귀납적 정의

정의역과 치역이 같은 일대일대응 함수 f가 정의역의 원소가 자기 자신에 대응되지 않는 경우라 생각하자. 이제, 정의역의 개수가 n이라면 구하는 함수의 개수가 교란수 D_n이다.

정의역의 원소 $1, 2, \cdots n-1$ 중 하나를 선택하자. 이 선택한 수를 k라 할 때, $f(k)=n$이라 하자. 이때, 한 원소를 택하는 경우의 수는 $_{n-1}C_1 = n-1$(가지) 이다.

1) 만약 $f(n)=k$라 하면, 나머지 $n-2$개의 원소가 자기 자신에 대응되지 않도록 함숫값을 정하면 되므로 이 경우의 구하는 함수의 개수는 D_{n-2}이다.

2) 만약 $f(n) \neq k$라 하면, 정의역의 원소 n을 포함하여 나머지 $n-1$개의 원소가 $f(n) \neq k$이고 자기 자신에 대응되지 않도록 함숫값을 정하면 되고 이 경우의 수는 D_{n-1}이다. 정리하면 $D_n = (n-1) \times (D_{n-2}+D_{n-1})$이고, 식을 정리하면 다음과 같다.

$$D_n - nD_{n-1} = -(D_{n-1}-(n-1)D_{n-2}), D_1=0, D_2=1$$

$D_n - nD_{n-1} = -(D_{n-1}-(n-1)D_{n-2}) = \cdots = (-1)^{n-2}(D_2 - D_1) = (-1)^n$에서 다음을 얻는다.

$$D_n = nD_{n-1}+(-1)^n$$

[포함과 배제의 원리] [교란수]

1. $x+y+z=9\,(y\leq5,\ z\leq2)$의 음이 아닌 정수해의 개수를 구하여라.

2. $x_1+x_2+x_3+x_4=20$의 정수해의 개수를 구하여라. (단, $1\leq x_1\leq6,\ 0\leq x_2\leq7,\ 4\leq x_3\leq8,\ 2\leq x_4\leq6$)

3. 사과 8개, 배 8개, 감 8개에서 14개의 과일을 고르는 경우의 수를 구하여라.

4. 집합 $A=\{1,\ 2,\ \cdots,\ 10\}$에 대하여 $f:A\to A$인 함수가 다음 조건을 만족시키는 경우의 수를 구하여라.

(가) 함수 f의 치역과 공역이 같다.

(나) $f(a)=b$이면 $a,\ b$는 서로소이다.

5. $\{1, 2, \cdots, 9\}$의 순열 중에서 꼭 4개만 제자리에 있는 것의 개수를 구하여라.

6. $\{11, 12, 13, 14, 15, 16, 17, 18\}$의 순열 중에서 짝수는 모두 제자리에 있지 않은 것의 개수를 구하여라.

7. 자연수 n에 대하여 1부터 n까지의 숫자가 한 개씩 적혀 있는 공을 나열하였을 때, 당첨 순열인 $a_1 a_2 \cdots a_n$과 w개 이상의 자리가 일치하면, 당첨이라고 한다. 당첨되는 경우의 수를 구하여라.

8. 다섯 명의 사람이 다섯 종류의 서로 다른 의자에 각각 앉아, 다섯 종류의 서로 다른 모자를 각각 쓰고 있다. 이 다섯 명의 사람이 의자와 모자를 교환할 때, 어떤 사람도 처음과 같은 물건을 하나도 갖지 못하는 경우의 수는?

정답 및 해설

[경우의 수의 '세 가지 법칙']

문제1) (답) 8(가지)

문제2) (답) 60

(풀이) 2의 배수의 집합을 A_2, 5의 배수의 집합을 A_5라고 하자.

$n(A_2 \cup A_5) = n(A_2) + n(A_5) - n(A_2 \cap A_5)$
$= \dfrac{100}{2} + \dfrac{100}{5} - \dfrac{100}{10} = 60$

문제3) (답) 53

문제4) (답) 55

문제5) (답) 15(가지)

문제6) (답) $a=59$, $b=39$

(풀이1) a를 구해보자. 100원짜리 동전 2개를 지불하는 방법은 3가지, 50원짜리 동전을 지불하는 방법은 4가지, 10원짜리 동전을 지불하는 방법은 5가지이므로 지불하는 방법의 가지 수

$a = 3 \times 4 \times 5 - 1 = 59$가지

지불 금액의 가짓수는 50원짜리 2개는 100원이므로 100원짜리 3개, 50원짜리 1개, 10원짜리 4개를 지불하는 방법과 같으므로 지불하는 금액의 가짓수

$b = 4 \times 2 \times 5 - 1 = 39$가지

(풀이2) b를 구해보자. 최소 단위의 돈은 10원짜리이므로 지불하는 금액을 모두 구하면 10원씩 차이가 나게 된다. 따라서 지불하는 금액의 최솟값과 최댓값만 구하고 10원씩 차이를 주면 모든 지불 금액을 알 수 있게 된다. 이때, 지불하는 금액의 최솟값은 10원, 최댓값은 390원이므로 지불하는 금액은 10, 20, 30, …, 380원이므로 총 39가지이다.

문제7) (답) 24(가지)

문제8) (답) 13(가지)

(풀이) 가로 세로의 길이가 각각 n, 2인 직사각형을 채우는 경우의 수를 x_n이라고 하면 $x_1=1$, $x_2=2$이다. 이제 3이상의 자연수 n에 대하여 x_n은 가장 마지막에 맨 처음에 ⊟로 채웠다면 나머지인 가로 세로의 길이가 각각 $n-1$, 2인 직사각형을 채우는 경우의 수가 x_{n-1}이 된다. 처음에 ▯를 위아래로 넓이가 4인 영역을 채우면 남은 직사각형은 가로 세로의 길이가 각각 $n-2$, 2가 되므로 남은 영역을 채우는 경우의 수는 x_{n-2}가 된다. 즉, $x_n = x_{n-1} + x_{n-2}$이므로 초기 조건인 $x_1=1$, $x_2=2$를 이용하면 $x_3=3$, $x_4=5$, $x_5=8$, $x_6=13$이 된다. 따라서 구하는 경우의 수는 13(가지)이다.

[단원 종합문제] – 경우의 수의 '세 가지 법칙'

1. (답) 7(가지)

2. (답) 최솟값 5, 최댓값 43

(풀이) $n(A \cup B) = n(A) + n(B) - n(A \cap B)$
$= 82 + 43 - m = 125 - m$

이때, $n(A \cup B) \leq 120$이므로 $125 - m \leq 120$에서 $5 \leq m$을 얻는다. 또한, $A \cap B \subset A$, $A \cap B \subset B$이므로 $m = n(A \cap B) \leq n(A) = 43$이므로 $m \leq 43$을 얻는다. 따라서 $5 \leq m \leq 43$이므로 최솟값 5, 최댓값 43이다.

3. (답) 16(가지)

4. (답) 15(가지)

A→D→…→B의 경우는

따라서 A에서 B로 가는 경우의 수는

$7 \times 2 + 1 = 15$(가지)

5. (답) 35(가지)

(풀이) 모든 수의 곱은 $2^3 \times 3^2 \times 7^2$이고 이 수의 약수가 구하는 사건의 경우의 수 이므로 $4 \times 3 \times 3$이고, 이 약수의 개수 중 1에 해당하는 한 가지는 제외해야 하므로 $4 \times 3 \times 3 - 1 = 35$(가지)이다.

6. (답) 56명

(풀이) 최소의 시간이 되도록 하려면 사람의 수가 최대여야 하고 이는 분할된 영역의 수가 최대임을 의미한다. 따라서 원을 10개의 직선을 이용하여 최대한 분할하는 경우의 수를 묻는 문제이다. n개의 직선에 의해 분할된 영역의 수를 a_n이라고 하면, a_{n-1}에 대하여 1개의 직선을 추가하면 이 직선은 원래 있던 직선과 최대한 만날때 $(n-1)$개의 직선과 만날 수 있다. 이로 인해 이전보다 n개의 영역이 추가된다. 즉, $a_n=a_{n-1}+n(n\geq 2)$, $a_1=2$이므로 $a_n=1+\dfrac{n(n+1)}{2}$에서 $a_{10}=56$임을 알 수 있다. 따라서 최소한의 시간으로 보물을 찾기 위해 필요한 인원은 56명이다.

7.(답) 66가지

(풀이1) 주어진 문제는 3가지 색으로 채색하는 경우의 수이다.

$a_3=3!$이고, $a_4=3\times 2^3-a_3=24-6=18$,

$a_5=3\times 2^4-a_4=48-18=30$

$a_6=3\times 2^5-a_5=96-30=66$(가지)이다.

또는 $a_6=2^6+(-1)^n\times 2=66$이다.

(풀이2) ① 주어진 6개의 영역 중 그림과 같이 세 사람이 땅을 차지하게 되는 경우의 수는 $6\times(4+2)=36$(가지)

② 그림과 같이 A, B, C가 땅을 차지하는 경우의 수는 $6\times 2=12$(가지)

③ 그림과 같이 땅을 차지하는 경우의 수는 $6\times 3=18$(가지)

따라서 위 경우를 다 더하면 66(가지)이다.

8. (답) 1026(가지)

(풀이) 집합 $\{P_1, P_2, \cdots, P_{30}\}$을 다음과 같이 분할하자.

$\{P_1, P_{11}, P_{21}\}, \{P_2, P_{12}, P_{22}\}, \{P_3, P_{13}, P_{23}\}, \cdots,$

$\{P_{10}, P_{20}, P_{30}\}$

이제 위 10개의 집합에서 각각 한 개의 점을 고르되, 집합의 순서를 아래와 같이 바꾸자.

$T_1=\{P_1, P_{11}, P_{21}\}, T_2=\{P_4, P_{14}, P_{24}\},$

$T_3=\{P_7, P_{17}, P_{27}\}, \cdots, T_{10}=\{P_8, P_{18}, P_{28}\}$

이제 T_i에 속하는 점들의 번호는 3으로 나눈 나머지 0, 1, 2가 골고루 들어있다. 그럼 구하는 경우의 수는 집합 $T_1, \cdots, T_{10}$의 각각 나머지가 0, 1, 2 중 하나씩 10개를 고르는 문제가 된다. (즉, T_i와 T_{i+1}에서 나머지가 같은 숫자를 고르면 길이가 3인 호가 생기므로 이렇게 고르지 않도록 해야 한다.) 이 문제는 싸이클 C_{10}의 3가지 채색문제로 바꿀 수 있다. 즉, 원을 10개의 부채꼴로 분할한 뒤, 인접한 부채꼴은 다른 색으로 채색하는 경우의 수이다. 따라서 수열의 귀납적 정의인

$a_n=3\times 2^{n-1}-a_{n-1}(a_2=6, a_3=6)$임을 이용하면

$a_n=2^n+2\times(-1)^n$을 알 수 있다. 따라서

$a_n=2^{10}+2\times(-1)^{10}=1026$(가지) 이다.

9.(풀이) (1) $_nB_2$는 n명이 쿠폰 2장을 모으는 경우의 수이고, 이는 한 사람이 한꺼번에 2장을 제출하는 경우와 두 사람이 각각 한 장씩 제출하는 경우를 합하여 구할 수 있다. 따라서

$_nB_2={_nC_1}+{_nC_2}=\dfrac{1}{2}n(n+1)$

(2) n명의 사람의 이름을 $A_i(i=1, 2, 3, \cdots, n)$이라고 하자. 각 사람 A_i는 2장의 쿠폰을 갖고 있고 이 사람이 제출한 카드의 수를 a_i라고 하면 남은 카드의 수는 $2-a_i$이다. 이때, $a_1+a_2+\cdots+a_n=r$이면, 남은 카드의 수의 합은 $(2-a_1)+(2-a_2)+\cdots+(2-a_n)=2n-r$이다. 즉, 쿠폰 r장을 모으는 것은 남은 쿠폰의 수 $2n-r$장을 남기는 경우의 수와 일대일대응이 되므로 $_nB_r={_nB_{2n-r}}$이 성립한다.

(3) A_i가 제출한 쿠폰의 수 a_i는 0, 1, 2, 중 하나의 값이므로 쿠폰을 제출하는 모든 경우의 수는 3^n가지이고 다음이 성립한다.

$_nB_0+{_nB_1}+{_nB_2}+\cdots+{_nB_{2n}}=3^n--(*)$

이때, (2)에 의해 $_nB_0={_nB_{2n}}, {_nB_1}={_nB_{2n-1}}, \cdots, {_nB_{n-}}$

$_1=_nB_{n+1}$이므로 위 식$(*)$은 다음과 같다.

$2(_nB_0+_nB_1+\cdots+_nB_{n-1})+_nB_n=3^n$

따라서 $_nB_n$는 홀수이다.

[순열]

문제1) (풀이1) 대수적인 방법 :

$$(n-r+1)\times_nP_{r-1}=(n-r+1)\times\frac{n!}{\{n-(r-1)\}!}$$

$$=(n-r+1)\times\frac{n!}{(n-r+1)\times(n-r)!}=\frac{n!}{(n-r)!}=_nP_r$$

(풀이2) 조합론적인 방법 : (서로 다른 n명을 r개의 자리에 나열하는 순열의 수)는 1번부터 $(r-1)$번의 자리에서 대한 순열을 생각한 뒤(경우의 수 $_nP_{r-1}$), 남은 $\{n-(r-1)\}=n-r+1$명 중 한 명을 뽑아 r번 자리에 배열하는 경우의 수이므로 주어진 등식을 얻는다.

문제2) (72가지)

(풀이) 1, 2, 4, 6, 8, 9의 총합이 30이므로 합이 같은 두 개의 묶음으로 나누려면 각 묶음의 합이 15이어야 한다. 이러한 경우는 $(1, 6, 8)$, $(2, 4, 9)$의 한 가지뿐이고, 이 때 각 묶음 안의 수를 배열하는 경우의 수는 각각 3!가지이다. 또한, 윗줄과 아랫줄을 바꾸는 방법이 있으므로 구하는 경우의 수는 $3!\times3!\times2=72$(가지)이다.

문제3)(답) 240

(풀이) 매일 두 팀 이상이 공연하는 경우는 첫째 날과 둘째날의 공연팀의 수가 각각 2,3 또는 3,2이다. 이 둘 중 어떤 경우든 5개의 공연 순서가 서로 다르므로 5팀이 공연하는 경우의 수는 $5!\times2=240$이다.

문제4) (답) $_5P_3-_3P_3=54$

문제5) (답) $aecbd$

(풀이) 문자 a를 맨 앞에 둔 순열은 뒤의 네 개의 문자의 순열만 생각하면 되므로 4!=24이다. 따라서 21번째 있는 문자는 처음이 a로 고정되고 두

번째 문자를 찾아야 한다.

$ab\bigcirc\bigcirc\bigcirc$의 순열은 3!, $ac\bigcirc\bigcirc\bigcirc$의 순열은 3!, $ad\bigcirc\bigcirc\bigcirc$의 순열은 3!이므로 이 경우의 수의 합은 18가지이다. 따라서 19번째의 문자는 $aebcd$이므로 순서대로 나열하면, $aebcd\rightarrow aebdc\rightarrow aecbd$이므로 구하는 문자는 $aecbd$이다.

[중복순열]

문제1) (답) 33

문제2) (답) 80

[원순열]

문제1) (답) $\dfrac{_7P_3}{3}\times_4P_3$

(풀이) 원순열의 (방법1)을 이용하면 원판에 색칠하는 경우는 회전을 고려하여 $\dfrac{직순열}{n}$인 $\dfrac{_7P_3}{3}$이고, 이제 남은 영역은 원순열의 (방법2)에 의해 직순열로 생각하면 되므로 이다. 따라서 구하는 경우의 수는 $\dfrac{_7P_3}{3}\times_4P_3$이다.

문제2) (답)

(1) $(9-1)!\times2!=80640$(가지)

(2) $(5-1)!\times2!\times2!\times2!\times2!\times2!=768$(가지)

(3) $8!=(8-1)!\times_8C_1=40320$(가지)

(4) $(5-1)!\times5!=2880$(가지)

문제3) (답) (1) 30 (2) 1680

(풀이) (1) 밑면, 윗면의 색을 먼저 정하고 옆면을 원순열로 생각한다. 그런데 각 경우는 밑면을 돌려서 중복하는 경우가 나오므로

$_6P_2\times(4-1)!\times\dfrac{1}{6}=30$

(2) 우선 1을 윗쪽에 보이는 면에 적고, 나머지 7개의 면에 순서대로 번호를 적으면 7!이지만, 1 옆에 3개의 면이 있으므로 1을 중심으로 돌려보면 같은 것이 3개씩 중복되게 됩니다.

$\therefore \dfrac{7!}{3}=1680$(가지)

(풀이2)

(2) 정팔면체 바닥에 놓아서 바닥면에 색을 칠하

는 경우의 수는 1가지, 바닥면과 마주보는 윗면에 색을 칠하는 경우의 수는 7가지, 이제 남은 여섯 개의 면은 밑면에 붙은 세 개의 면을 1층, 윗면에 붙은 세 개의 면을 2층이라고 하면, 1층에 채색하는 경우의 수는 원순열 $\frac{6P_3}{3}$이고, 이제 남은 2층에 채색하는 것은 직순열이므로 3!다. 따라서 구하는 경우의 수는

$$7 \times \frac{6P_3}{3} \times 3! = \frac{7!}{3}$$

문제4) (답)

(1) $(8-1)! \times 2$가지

(2) $(4-1)! \times 1$가지

(3) $(9-1)! \times 3$가지

문제5) (답) (1) $\frac{7!}{4!2!1!} \times \frac{1}{7}$ (2) 43

(풀이) (1) (4, 2, 1)=1이므로 (즉, 서로소) 구하는 원순열은 순환마디가 $\frac{4+2+1}{1}=7$인 경우 뿐이다. 따라서 구하는 원순열의 수는 $\frac{7!}{4!2!1!} \times \frac{1}{7}$(가지)이다.

(2) (8, 4)=4이므로 가능한 모든 순환마디의 길이는 $\frac{8+4}{1}, \frac{8+4}{2}, \frac{8+4}{4}$의 세 종류이다. 이에 대응하는 직순열의 수는 다음과 같다.

순환마디의 길이가 3인 경우 : $\frac{3!}{2!1!}$

순환마디의 길이가 6인 경우 : $\frac{(4+2)!}{4!2!} - \frac{3!}{2!1!}$

순환마디의 길이가 12인 경우 :
$\frac{(8+4)!}{8!4!} - \frac{(4+2)!}{4!2!}$

따라서 구하는 원순열의 수는 다음과 같다.
$$\left(\frac{12!}{8!4!} - \frac{6!}{4!2!}\right)\frac{1}{12} + \left(\frac{6!}{4!2!} - \frac{3!}{2!1!}\right)\frac{1}{6} + \frac{3!}{2!1!}\frac{1}{3}$$
$$= 40+2+1 = 43$$

문제6) (답) 781(가지)

(풀이) 우선 좌우 대칭이 되는 원순열의 수를 구해보자.

빨간 구슬 한 개, 흰 구술 한개를 대칭 축 위에 올

려 놓고, 좌우에 각각 빨간 공 1개, 흰 공 1개, 검은공 3개를 배열하면 되고 그 경우의 수는 $\frac{5!}{3!}$=20이다.

이제 비대칭인 원순열의 수는 (전체 원순열의 수)-(대칭 원순열의 수)이고, 전체 원순열의 수는 다음과 같다.

$$\frac{\frac{12!}{6!3!3!} - \frac{4!}{2!1!1!}}{12} + \frac{\frac{4!}{2!1!1!}}{4} = 1539+3 = 1542$$

따라서 구하는 염주순열의 수는

$$\frac{1542-20}{2} + 20 = 781(가지)이다.$$

[같은 것이 있는 순열]

문제1) (답) $\frac{8!}{3!5!}$

문제2) (답) 12(가지)

(풀이) A, B를 같은 문자로 간주한 같은 것이 있는 순열과 같으므로 그 경우의 수는 $\frac{4!}{2!}$이다.

문제3) (답) 27

(풀이) 그림과 같이 경유지점 P, Q를 택하자. 그럼,

$$A \rightarrow P \rightarrow B : \frac{3!}{2!} \times \frac{3!}{2!} = 9$$

$$A \rightarrow Q \rightarrow B : \frac{4!}{2!2!} \times 3 = 18$$

따라서 구하는 경우의 수는 9+18=27(가지)이다.

[단원 종합 문제]-[순열]

1번) (답) 8

2번) (답) 840

(풀이) (나) 조건을 만족하는 경우는 다음의 두 가지로 구분된다.

(1) $f(1) \neq f(3)$

(2) $f(1) = f(3)$

(1)의 경우, $f(1)=a, f(2)=b, f(3)=c$라고 하면 4, 5는 a, b, c 중 하나여야 하므로 그 경우의 수는 3^2가지이고, 치역의 원소 a, b, c에 1부터 5까지의 수를

배열하는 경우의 수는 $_5\mathrm{P}_3$이다. 따라서 경우의 수는 $3^2\times{}_5\mathrm{P}_3$이다.

(2)의 경우, $f(1)=f(3)=a, f(2)=b$라고 하자. 이제 사건 $A : f(4)=c$인 사건, 사건 $B : f(5)=c$인 사건이라고 하면 $n(A\cup B)=3+3-1=5$이고, 치역의 원소 a, b, c에 1부터 5까지의 수를 배열하는 경우의 수는 $_5\mathrm{P}_3$이다. 따라서 구하는 경우의 수는 (1)과 (2)를 더한 다음의 값이 된다.

$$3^2\times{}_5\mathrm{P}_3+5\times{}_5\mathrm{P}_3=840$$

3번) (답) 96

(풀이) $(4-1)!\times2^4=96$가지

4번) (답) 72

(풀이) 한국 사람을 먼저 배열한 뒤, 그 사이에 미국 사람을 배열하면 서로 다른 6개의 자리가 생기고 이 6개의 자리중 한 자리에 영국사람을 배열하면 되므로 그 경우의 수는 다음과 같다.

$$\frac{3!}{3}\times3!\times6=72$$

5번) (답) 2160

(풀이) 정팔각형 모양의 탁자에 8명이 앉는 경우의 수는 8명의 원순열과 같다.

(1) 철수와 영희 사이에 2명이 앉는 2명을 고르는 경우의 수는 $_6\mathrm{P}_2$이고, 이 두 명을 사이에 두고 철수, 영희가 바꿔 앉는 경우의 수는 2!이다. 또한, 이 네 명을 한 묶음으로 할 때, 전체 원순열은 $\frac{5!}{5}$이므로 구하는 경우의 수는 $_6\mathrm{P}_2\times2!\times\frac{5!}{5}=2\times6!$(가지)이다.

(2) 철수와 영희 사이에 3명이 앉게 되면 철수와 영희는 마주보게 되고 이는 한 가지 뿐이다. 이제 남은 6개의 자리에 6명을 앉히는 경우의 수는 6!이다.

(1)과 (2)로부터 구하는 모든 경우의 수는 $3\times6!=2160$(가지)이다.

6번) (답) 150

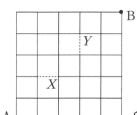

(풀이) A에서 출발하여 B로 가는 최단경로 중 X 또는 Y를 지나는 경우를 제외하면 된다. A에서 출발하여 B로 가는 최단경로의 수는 $\frac{10!}{5!5!}=252$.

X를 지나면서 가는 수는 $\frac{3!}{2!1!}\times\frac{6!}{3!3!}=60$.

Y를 지나면서 가는 수는 $\frac{6!}{3!3!}\times\frac{3!}{2!1!}=60$.

X와 Y를 모두 지나면서 가는 수는 $\frac{3!}{2!1!}\times\frac{2!}{1!1!}\times\frac{3!}{2!1!}=18$

따라서, $252-(60+60)+18=150$.

7번) (답) 100(가지)

(풀이1) 원점에서 출발하여 네 번 이동하여 자기 자신 위치에 도달하는 경우의 수가 8이고 이를 제외해야 하므로 구하는 모든 경우의 수는 $4\times3\times3\times3-8=100$(가지)이다.

(풀이2) 벼룩이 네 번 이동하여 도착할 수 있는 제1사분면과 y축 위에서의 위치는 다음과 같다.

$$A(0, 4), B(1, 3), C(2, 2), D(3, 1), E(0, 2),$$
$$F(1, 1)$$

위 각 점에 도착하는 경우의 수에 4를 곱한 값이 답이 된다.

(1) A에 도착하는 경우 : 1가지

(2) B에 도착하는 경우 : $\frac{4!}{3!}=4$가지

(3) C에 도착하는 경우 : $\frac{4!}{2!2!}=6$가지

(4) D에 도착하는 경우 : $\frac{4!}{3!}=4$가지

(5) E에 도착하는 경우 :

① $\uparrow\rightarrow\uparrow\leftarrow$ ② $\rightarrow\uparrow\leftarrow\uparrow$ ③ $\rightarrow\uparrow\uparrow\leftarrow$

④ ↑←↑→ ⑤ ←↑→↑ ⑥ ←↑↑→ 의 6가지

(6) F에 도착하는 경우 :

① →→↑← ② ↓→↑↑ ③ ←↑→→

④ ↑↑→↓ 의 4가지

∴ $(1+4+6+4+6+4) \times 4 = 100$가지

8번) (답) 1680(가지)

(풀이) 숫자 네 개를 고를 수 있는 경우는 다음과 같다.

9831, 9803, 9830, 9801, 9031, 9301, 8031, 8301 이때, 사용 가능한 영문자는 K, I, M이므로 숫자와 영문자 K, I, M을 가지고 만들 수 있는 비밀번호에서 숫자의 순서는 이미 정해져 있으므로 같은 것이 있는 순열을 이용하면

$\dfrac{7!}{4!} = 210$(가지)이다.

따라서 학생이 만들 수 있는 비밀번호는 모두 $210 \times 8 = 1680$(가지)이다.

9번) (답) 33(가지)

(풀이) 전체 원순열의 수는 다음과 같다.

$\left(\dfrac{8!}{4!2!2!} - \dfrac{4!}{2!1!1!} \right) \times \dfrac{1}{8} + \dfrac{4!}{2!1!1!} \times \dfrac{1}{4} = 51 + 3 = 54$

이 원순열의 수 중, 대칭이 되는 원순열의 수는 대칭축의 모든 종류를 고려해봄으로써 다음과 같이 찾을 수 있다.

① 대칭 축 위에 아무것도 없는 경우: $\dfrac{4!}{2!} \times \dfrac{1}{2} = 6$

② 대칭 축 위에 검은 공 두 개가 있는 경우: $\dfrac{3!}{2} = 3$

③ 대칭 축 위에 흰 공 두 개가 있는 경우

④ 대칭 축 위에 빨간 공 두 개가 있는 경우

위 ①~④를 고려하여 대칭이 되는 원순열은 12가지로 구할 수 있다. 따라서 염주순열의 수는 다음과 같다. $\dfrac{54-12}{2} + 12 = 33$

10) (답) (1)$bfcdega$ (2) 144(가지)

(풀이) (1) 문자 a로 시작하는 순열은 $6! = 720$가지, 문자 b로 시작하는 순열도 $6! = 720$가지이므로 구하는 문자는 b로 시작해야 한다.

이제 $ba\bigcirc\bigcirc\bigcirc\bigcirc\bigcirc$의 순열의 수는 $5!$이므로

$ba\bigcirc\bigcirc\bigcirc\bigcirc\bigcirc \rightarrow be\bigcirc\bigcirc\bigcirc\bigcirc\bigcirc$의 경우의 수는

$5! \times 4 = 480$이므로 $begfdca$는 1200번째 문자가 된다. 다음 단계로 $bfa\bigcirc\bigcirc\bigcirc\bigcirc$형태의 문자는 $4! = 24$가지가 있고, $bfca\bigcirc\bigcirc\bigcirc$형태의 문자는 $3! = 6$가지,

$bfcda\bigcirc\bigcirc$형태의 문자는 두 가지가 있으므로 구하는 문자는 $bfcdega$이다.

(2) (cbd)와 같이 묶음으로 생각하고 나머지 4개의 문자를 배열하는 경우의 수는 $4!$이고, 이 네 개의 문자 사이 3개의 묶음 (cbd)를 넣는 경우의 수가 3가지, 묶음 (cbd)내에서 c와 d가 바꾸어지는 경우의 수가 $2!$가지 이므로 구하는 경우의 수는 $4! \times 3 \times 2! = 144$가지이다.

[조합]

문제1) $r \times {_n}\mathrm{C}_r$은 n명 중에서 r명을 대표를 뽑은 뒤, r명 중에서 의장 한 명을 뽑는 경우의 수로 생각할 수 있다. 또한, 이는 처음부터 의장 한 명을 n명에서 뽑은 뒤, 남은 $n-1$명에서 남은 대표 $r-1$명을 뽑는 경우의 수인 $n \times {_{n-1}}\mathrm{C}_{r-1}$와 같다.

문제2) (답) 145(가지)

(풀이) 세 집합 $A = \{3, 6, 9, \cdots, 30\}$, $B = \{2, 5, 8, \cdots, 29\}$, $C = \{1, 4, 7, \cdots, 28\}$에 대하여 두 수를 집합 A에서만 고르거나, 두 수를 집합 B, C에서 하나씩 고르면 되므로 경우의 수는 다음과 같다.

${_{10}}\mathrm{C}_2 + {_{10}}\mathrm{C}_1 \times {_{10}}\mathrm{C}_1 = 45 + 100 = 145$(가지)이다.

문제3) (답) 76

(풀이) 중심이 $(2, 3)$이고, 반지름의 길이가 2인 원의 내부에 있는 9개의 점 중에서 3개의 점을 꼭짓점으로 하는 삼각형의 개수를 구한다. 그런데 일직선 위에 있는 세 점은 삼각형이 되지 못하므로 구하는 경우의 수는

$${_9}\mathrm{C}_3 - 8 = \dfrac{9 \times 8 \times 7}{3 \times 2 \times 1} - 8 = 76$$

문제4) (답) 24(가지)

(풀이1) 1부에서 3팀이 독창, 중창, 합창 순으로

공연하는 순서를 정하는 방법의 수는

$$_2C_1 \times _2C_1 \times _3C_1 = 12(가지)$$

2부에서 남아있는 4팀이 독창, 중창, 합창, 합창 순으로 공연하는 순서를 정하는 방법의 수는

$$_1C_1 \times _1C_1 \times _2P_2 = 2(가지)$$

따라서, 구하는 방법의 수는 $12 \times 2 = 24$

(풀이2) 독창 팀 배치, 중창 팀 배치, 합창 팀 배치 위치는 모두 서로 다른 자리이므로 순열을 이용하여 구할 수 있다.

따라서 $2! \times 2! \times 3! = 24(가지)$

문제5) (답) 45

문제6) (답) $_6C_2 \times _4C_3 = 60$

문제7) (답) 50(가지)

(풀이) 방 두개를 A, B라 한다.

(i) A에 4명, B에 2명일 때, $_6C_4 = 15$

(ii) B에 4명, A에 2명일 때, $_6C_4 = 15$

(iii) A, B에 각각 3명씩일 때, $_6C_3 = 20$

이상으로부터 $15 + 15 + 20 = 50(가지)$

문제8) (답) 50(가지)

(풀이1) (가) 조건에 의해 우리가 해야 할 것은 정의역의 네 원소 a, b, d, e를 1, 2, 3 또는 1, 3에 대응 시키는 것이다.

① a, b, d, e를 1, 2, 3에 대응시키는 경우의 수는 a, b, d, e를 세 개의 집합으로 조를 구성한 뒤, 치역에 분배하면 된다. 이는 $_4C_2 \times 3! = 36(가지)$이다.

② a, b, d, e를 1, 3에 대응시키는 경우의 수는 a, b, d, e를 두 개 원소 1, 3으로 가는 모든 함수의 개수에서 치역의 원소가 한 가지인 경우를 제외하면 되므로 $2^4 - 2 = 14(가지)$이다.

따라서 $36 + 14 = 50(가지)$

(풀이2) 사실 이 문제는 위의 예제를 활용하여 구할 수도 있다. 위의 예제처럼 5개의 원소를 갖는 정의역에서 3개의 원소를 갖는 공역으로의 함수 중, 치역과 공역이 같은 함수는 150가지인데, 이들에 대해 $f(c)$의 함숫값은 공역의 세 원소 중 하나이고, c가 함수 f에 의해 각 원소 1, 2, 3에 대응되는 경우의 수는 모두 같으므로 $\frac{150}{3} = 50$으로 구할 수도 있다.

문제9) (답) $\frac{8!}{2^7}$

(풀이) 조합을 이용하여 구하면 $_8C_4 \times _4C_4 \times \frac{1}{2!} \times \frac{_4C_2}{2!} \times \frac{_4C_2}{2!} = 315(가지)$이다.

이를 순열을 이용하여 구하면 대진표의 각 경기 선수의 위치에 서로 다른 8팀을 배열하는 순열의 수는 $8!$이고, 이제 위에서부터 배열한다고 생각했을 때, 두 팀으로 분할되어도 같은 대진표이므로 2가지로 단위화를 해야 하고, 그 밑으로 내려오면서 각 4개가 2개의 팀으로 분할될 때, 이 또한 같은 가지가 생기므로 각각 2로 단위화 하면 $\frac{8!}{2 \times 2^2}$이다. 이제 대진표의 가장 하단에 배치를 할 때, 2팀씩 바꿔서는 경우의 수 $2!$을 하나로 단위화 해야 하므로 2^4으로 단위화 하면 구하는 경우의 수는

$$\frac{8!}{2 \times 2^2 \times 2^4} = \frac{8!}{2^7}$$ 이다.

문제10) (답) (1) $x = 20$ (2) $y = 13$

문제11) (답) 120

(풀이1) $_4C_0 \times _6C_3 + _4C_1 \times _6C_2 + _4C_2 \times _6C_1 + _4C_3 \times _6C_0 = 120$

[중복조합]

문제1) (답) $_4H_8 = _{11}C_8 = 165(가지)$

문제2) (답) 7(가지)

(풀이) z의 각 값에 자연수 해를 대입하여 경우의 수를 구해보면 아래와 같다.

$z = 1 \Rightarrow x + y = 6 \Rightarrow _2H_{6-2} = _5C_4 = 5$,

$z = 2 \Rightarrow x + y = 3 \Rightarrow _2H_{3-2} = 2$이므로 구하는 경우의 수는 7가지이다.

문제3) (답) 13(가지)

(풀이) x의 각 값에 자연수 해를 대입하여 경우의 수를 구해보면 아래와 같다.

$x = 1 \Rightarrow y + z = 10 \Rightarrow _2H_{10-4} = 7$,

$x=2 \Rightarrow y+z=9 \Rightarrow {}_2H_{9\text{-}4}=6$이므로 구하는 경우의 수는 13가지이다.

문제4) (답) 15

(풀이) $x=2x'$, $y=2y'$, $z=2z'$, $u=2u'$. $v=2v'(x'+y'+z'+u'+v'\geq1$인 정수)라고 두면 $2(x'+y'+z'+u'+v')=14$에서 주어진 방정식의 양의 정수해는 방정식 $x'+y'+z'+u'+v'=7$의 양의 정수해의 개수를 구하는 것과 같다. 따라서 구하는 해의 개수는 ${}_5H_2=15$이다.

문제5) (답) 56(개)

(풀이) 전개식을 동류항끼리 묶어 정리하면 일반항은 계수 일부를 생략하여 $x^X(2y)^Y(3z)^Z(4w)^W$ 꼴이다. 따라서 $X+Y+Z+W=5$의 음이 아닌 정수해의 개수와 같으므로 ${}_4H_5={}_8C_5=56$(개)이다.

문제6) (답) (1) 6 (2) 10

(풀이) (1) ${}_3H_{5\text{-}3}={}_4C_2=6$

(2) 각 $a^xb^yc^z$항의 안에 있는 5개의 문자를 ${}_3H_2={}_4C_2=6$번 곱하게 되는 것이므로 모든 곱에 속한 문자들은 총 ${}_3H_2\times5$개가 들어있다. 이때, 이 문자들의 곱에 각 a, b, c는 동등하게 들어 있으므로 구하는 $n=\dfrac{{}_3H_2\times5}{3}=10$이다.

문제7) (답) ${}_8H_4=330$

(풀이) 3, 4, 5, $\cdots$, 10에서 중복을 허용하여 4개를 택하면 되므로 구하는 경우의 수는 ${}_8H_4=330$(가지)이다.

문제8) (답) 70(개)

(풀이) 양의 정수 w를 이용하면 주어진 부등식의 해의 개수는 방정식 $x+y+2z+w=12$의 양의 정수해의 개수와 같다. 이 방정식의 z의 값에 자연수 해를 대입하면

$z=1 \Rightarrow x+y+w=10$의 양의 정수해는 ${}_3H_{10\text{-}3}=36$(개)

$z=2 \Rightarrow x+y+w=8$의 양의 정수해는 ${}_3H_{8\text{-}3}=21$(개)

$z=3 \Rightarrow x+y+w=6$의 양의 정수해는 ${}_3H_{6\text{-}3}=10$(개)

$z=4 \Rightarrow x+y+w=4$의 양의 정수해는 ${}_3H_{4\text{-}3}=3$(개)

이므로 주어진 부등식의 양의 정수해는 모두 70(개)다.

문제9) (답) 20

문제10) (답) (1) 80 (2) ${}_2H_3=4$

[단원 종합 문제]-[조합]

1번) (답) $a=32, b=18$

(풀이) 전체 경우의 수 ${}_7C_3$중에서 삼각형을 만들지 않도록 동일 직선 상의 세 점을 고르는 경우의 수는 3가지 이므로 $a={}_7C_3-3=32$(가지)이다. 또한, 직각삼각형은 두 변의 길이가 1인 직각이등변삼각형과 직각을 낀 두 변의 길이가 1, 2인 직각삼각형 빗변의 길이가 2인 직각삼각형 세 종류가 있고, 이들의 경우의 수는 각각 10, 4, 4이므로 $b=18$이다.

2번) (답) 120(가지)

(풀이) 세 수의 곱이 홀수이려면 a, b, c는 모두 홀수여야 한다. 또한, (나) 조건을 만족시키려면 집합 $\{1, 3, 5, \cdots, 19\}$에서 a, b, c를 선택하기만 하면 되므로 구하는 경우의 수는 ${}_{10}C_3=120$(가지)이다.

3번) (답) (1) 80850(가지) (2) 53922(가지)

(1) (풀이1) 세 수 a, b, c를 모두 짝수로 택하거나, 두 개는 홀수 하나는 짝수로 택하면 되므로 그 경우의 수는 ${}_{50}C_3+{}_{50}C_1\times{}_{50}C_2=80850$(가지)

(풀이2) 세 수 a, b, c는 홀홀홀, 홀홀짝, 홀짝짝, 짝짝짝인 네 가지의 조합의 있고, 홀홀홀, 홀짝짝,인 경우는 세 수의 합이 홀수, 홀홀짝, 짝짝짝인 경우는 세 수의 합이 짝수이므로 1부터 100까지의 자연수 중 세 수를 고를 때 그 경우의 반은 합이 홀수가 되는 경우, 나머지 반은 합이 짝수가 되는 경우이다. 따라서 구하는 경우의 수는

$\dfrac{_{100}C_3}{2}=80850$이다.

(2) 나머지가 모두 같도록 택하는 경우의 수는

$_{33}C_3+_{33}C_3+_{34}C_3$이고, 나머지를 각각 0, 1, 2가 되도록 세 수를 택하는 경우의 수는 $_{33}C_1\times_{33}C_1\times_{34}C_1$이므로 구하는 경우의 수는 53922(가지)이다.

4번) (답) 풀이 참조

(풀이) (1) $_nC_r\times_nC_{n-r}=(_nC_r)^2$

(2) 구하는 경우의 수는 (1)에 의해

$\displaystyle\sum_{r=0}^{n}{_nC_r}\times{_nC_{n-r}}=\sum_{r=0}^{n}(_nC_r)^2$

(3) $_{40}C_{20}$

5번) (답) 60가지

(풀이) 세 집합 A, B, C의 관계를 벤다이어그램으로 나타내고 그림과 같이 서로소인 네 개의 부분집합 ①, ②, ③, ④로 분할하면 주어진 문제는 집합 X의 네 개의 원소 1, 2, 3, 4를 네 개의 영역 ①, ②, ③, ④에 대응시키는 것과 같다.

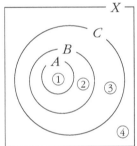

(1) 부분집합 ④에 해당하는 것이 공집합이 아니라면 각 영역마다 하나의 원소가 대응되어야 하므로 구하는 경우의 수는 4!이다.

(2) 부분집합 ④에 해당하는 원소가 없다면 이는 주어진 원소 1, 2, 3, 4를 세 개의 집합으로 분할한 뒤, 세 개의 영역 ①, ②, ③에 대응시키는 경우의 수이다. 즉, $_4C_2\times3!$이다. 따라서 구하는 경우의 수는 $4!+_4C_2\times3!=60$(가지)이다.

6번) $n=9$

7번) $_5H_3\times2^3$

8번) $_5C_2\times_3H_7=360$

9번) $_3H_6+_3H_1=31$

10번) 45

11번) 34

12번) (답) 48가지

(풀이) 전체 순서쌍의 개수는 $_3H_{10}=66$(가지)이

고, $(x-y)(y-z)(z-x)=0$을 만족하는 순서쌍의 개수는 $_3C_2\times6=18$이므로 구하는 경우의 수는 $66-18=48$(가지)이다.

13번) $_7H_4=210$

14번) 54

15번) 18

16번) $_3H_5\times_3H_4=315$

17번) $_4H_5=56$

18번) $4^5=_4\Pi_5$

19번) $3^4=_3\Pi_4$

20번) $_4C_2\times3!=36$

21번) 13

22번) 114

23번) 168

24번) 201

[분할]

문제1) (답) (1) 6 (2) 5

(1) $P(6, 2)=\left[\dfrac{6}{2}\right]=3$이다. 또한,

$P(6, 3)$는 자연수 6을 세 개로 분할하는 경우의 수이고 이를 나열하면 다음과 같다.

$6=(4+1)+1=(3+2)+1$
$=(2+2)+2$

즉, $P(6, 3)=3$이다. 따라서 $P(6, 2)+P(6, 3)=3+3=6$이다.

(2) 자연수 9의 분할 중 1이 5개 이상인 경우를 나열해보자.

1이 5개인 경우, 한 예시가 $9=4+1+1+1+1+1$이고 이 식에서 힌트를 얻어보면 4의 모든 분할의 수만 생각하면 된다. 즉, 구하는 경우의 수는 $P(4, 1)+P(4, 2)+P(4, 3)+P(4, 4)$이다. 이때, $P(4, 1)=P(4, 3)=P(4, 4)=1$, $P(4, 2)=\left[\dfrac{4}{2}\right]=2$이다.

따라서 $P(4, 1)+P(4, 2)+P(4, 3)+P(4, 4)=5$

문제2) (답) (1) 2 (2) 5

(풀이) (1) $5=3+1+1=2+2+1$이므로 $P(5, 3)=2$이

다.

(2) $P(5, 3)+P(5, 2)+P(5, 1)=2+2+1=5$이다. 이때, $P(5, 3)=P(2, 1)+P(2, 2)=2$, $P(5, 2)=\left[\dfrac{5}{2}\right]=2$, $P(5, 1)=1$이다.

문제3) (답) 14

(풀이) 모든 상자에 3개씩 먼저 넣은 후 자연수 10의 분할을 고려하면 되므로 다음과 같이 구할 수 있다.

$P(10, 1)+P(10, 2)+P(10, 3)$

$=1+5+P(7, 3)+P(7, 2)+P(7, 1)$

$=6+\{P(4, 3)+P(4, 2)+P(4, 1)\}+3+1$

$=14$

이다.

문제4) (답) (1) 12　(2) 45　(3) 315

(풀이) (1) (방법1) 먼저 3, 1의 두 개조로 나누고 3개 짜리 팀을 다시 2, 1의 두 개조로 나누면 되므로

$({}_4C_3 \times {}_1C_1) \times ({}_3C_2 \times {}_1C_1)=12$(가지)

(방법2) 아래 그림과 같이 주어진 대진표를 짜는 것은 4개의 팀에서 가운데에 있는 두 팀은 구분하지 않는다.

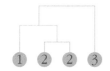

따라서 1, 2, 2, 3의 같은 것이 있는 순열의 수와 같으므로 $\dfrac{4!}{2!}=12$(가지)이다.

(2) (방법1) 먼저 4, 2의 두 개조로 나누고 4개 짜리 팀을 다시 2, 2의 두 개조로 나누면 되므로 구하는 경우의 수는 다음과 같다.

$({}_6C_4 \times {}_2C_2) \times ({}_4C_2 \times {}_2C_2 \times \dfrac{1}{2!})=45$(가지)

(방법2) (1)에서의 (방법2)와 비슷하게 주어진 대진표를 짜는 것은 6개의 팀에서 처음 두 팀, 가운데 두 팀, 마지막 두 팀끼리는 서로 구분하지 않는다. 따라서 구하는 경우의 수는 같은 것이 있는 순열의 수인 1, 1, 2, 2, 3, 3의 순열의 수

$\dfrac{6!}{2!2!2!}$와 같다. 이때, 앞 두 팀과 가운데 두 팀이 바꿔서는 경우의 수 만큼 같은 대진표가 나오므로 $\dfrac{6!}{2!2!2!} \times \dfrac{1}{2!}=45$(가지)이다.

(3) (방법1) 먼저 4, 4의 두 개조로 나누고 4개 짜리 팀으로 나누어진 두 개의 조를 다시 2, 2의 두 개조로 나누면 되므로 구하는 경우의 수는 다음과 같다.

$({}_8C_4 \times {}_4C_4) \times \dfrac{1}{2!} \times \left({}_4C_2 \times {}_2C_2 \times \dfrac{1}{2!}\right)$
$\times \left({}_4C_2 \times {}_2C_2 \times \dfrac{1}{2!}\right)=315$

(방법2) 전체 8개 팀을 대진표에 배치하는 8!의 경우의 수에서 중복되는 경우의 수로 나누면 되고 이는 같이 경기를 하는 두 팀씩 총 4세트가 있으므로 $(2!)^4$으로 나누어주어야 한다. 또한, 준결승인 각 세트 내에서 바꾸어서는 순열의 수 2!만큼 같은 대진표이므로 총 $(2!)^2$만큼 같은 경우의 수이고, 결승에서 만날 두 팀이 바꾸어서는 순열의 수 2!만큼 같은 경우의 수이므로 나누어주어야 한다. 따라서 다음과 같다.

$$\dfrac{8!}{(2!)^4 \times 2! \times 2! \times 2!}=315$$

문제5) [답] 36

(1) 함수 f의 치역과 공역이 일치하려면 정의역 A를 3개의 조로 구성한 뒤, 공역의 세 개의 원소에 분배하면 되므로 경우의 수는 다음과 같다.

$\left({}_4C_2 \times {}_2C_1 \times {}_1C_1 \times \dfrac{1}{2!}\right)=36$

문제6) [답] (1) $S(4, 1)=1$　(2) $S(4, 2)=7$
　　　　(3) $S(4, 3)=6$　(4) $S(4, 4)=1$

(풀이) (1) $S(4, 1)$은 집합 $A=\{x, y, z, w\}$를 1개로 분할하는 경우의 수 이므로 이는 집합 A자기 자신이 되는 것이므로 1가지이다.

(2) $S(4, 2)$는 집합 $A=\{x, y, z, w\}$를 부분집합의 원소의 개수가 1, 3 또는 2, 2가 되도록 분할하면 되므로 다음과 같다.

$S(4, 2)={}_4C_1 \times {}_3C_3 + {}_4C_2 \times {}_2C_2 \times \dfrac{1}{2!}=4+3=7$

(3) $S(4, 3)$은 집합 $A=\{x, y, z, w\}$를 원소의 개수

가 1, 1, 2인 부분집합으로 분할하는 것이고 이는 4개의 원소에서 2개의 원소를 갖는 부분집합만 만들어주면 나머지 원소들은 한 원소 집합(singleton)이므로 다음과 같이 구할 수 있다.

$S(4, 3) = {}_4C_2 = 6$

TIp) 위 풀이법을 일반화하면 $S(n, n-1)$는 n개의 원소에서 2개가 한 부분집합을 이루고 나머지 원소들이 각각 한 원소 집합(singleton)을 이루므로 $S(n, n-1) = {}_nC_2$로 구할 수 있다.

(4) $S(4, 4)$는 집합 $A = \{x, y, z, w\}$를 원소의 개수가 차례대로 1, 1, 1, 1인 부분집합으로 분할하는 것으로 모든 부분집합이 한 원소 집합(singleton)이다. 따라서 한 가지뿐이다. 즉, $S(4, 4) = 1$

문제7) (답) (1) 53 (2) 65 (3) 90

(풀이)

(1) $S(4, 2) + S(5, 2) + S(6, 2)$

$= (2^{4-1} - 1) + (2^{5-1} - 1) + (2^{6-1} - 1) = 53$

(2) $S(N, k) = S(N-1, k-1) + k \times S(N-1, k)$임을 이용하면

$S(6, 4) = S(5, 3) + 4 \times S(5, 4)$이다.

이때, $S(5, 3) = S(4, 2) + 3S(4, 3) = (2^{4-1} - 1) + 3 \times {}_4C_2 = 25$,

$4 \times S(5, 4) = 4 \times {}_5C_2 = 40$이므로 $S(6, 4) = 65$이다.

(3) (방법1) $S(6, 3) = S(5, 2) + 3 \times S(5, 3)$

$= (2^{5-1} - 1) +$

$3 \times \left\{ ({}_5C_1 \times {}_4C_1) \times \frac{1}{2!} + ({}_5C_2 \times {}_3C_2) \times \frac{1}{2!} \right\} = 90$

(방법2) $S(6, 3)$은 서로 다른 6개의 원소를 가진 집합을 3개로 분할하면 각 부분집합의 원소의 개수는 1, 1, 4 또는 1, 2, 3 또는 2, 2, 2이므로 다음과 같이 구할 수 있다.

$S(6, 3) = ({}_6C_1 \times {}_5C_1 \times {}_4C_4) \times \frac{1}{2!}$

$+ ({}_6C_1 \times {}_5C_2 \times {}_3C_3) + ({}_6C_2 \times {}_4C_2 \times {}_2C_2) \times \frac{1}{3!}$

$= 90$

문제8) [답] $S(n, m) \times m!$

(풀이) 정의역 $\{a_1, a_2, \cdots, a_n\}$을 공역의 원소의 개수인 m개로 분할한 뒤, 함숫값 $b_1, \cdots, b_m$로 대응시키면 되므로 구하는 함수의 개수는 $S(n, m) \times m!$이다.

문제9) [답] (1) ① 150 ② 3^5

(2) ① 25 ② 41

(3) ① 6 ② 15

(4) ① 2 ② 5

(풀이) (1)① (방법1) 구하는 경우의 수는 $S(5, 3) \times 3!$이다 이때, $S(5, 3)$은 정의역을 3개의 조로 구성하면

$S(5, 3) = ({}_5C_1 \times {}_4C_1 \times {}_3C_3) \times \frac{1}{2!} \times 3! +$

$({}_5C_2 \times {}_3C_2 \times {}_1C_1) \times \frac{1}{2!} \times 3! = 25$

이제 함숫값에 대응시키면 $S(5, 3) \times 3! = 150$

(방법2) $S(5, 3) = S(4, 2) + 3S(4, 3) =$

$(2^{4-1} - 1) + 3 \times {}_4C_2 = 25$

이제 함숫값에 대응시키면 $S(5, 3) \times 3! = 150$

(방법3) 서로 다른 물건 5개를 서로 다른 상자 3개에 넣는 경우의 수는

함수 $f : \{1, 2, 3, 4, 5\} \rightarrow \{a, b, c\}$의 전사함수의 개수와 같다.

포함과 배제의 원리를 이용하여 구하면

$3^5 - {}_3C_2 \times 2^5 + {}_3C_1 \times 1^5 = 150$

② 이는 정의역의 원소의 개수가 5이고 공역의 원소의 개수가 3인 모든 함수의 개수와 같으므로 3^5이다.

(2) ① $S(5, 3) = 25$

② $S(5, 3) + S(5, 2) + S(5, 1) = 41$

(3) ① 방정식 $x + y + z = 5$의 양의 정수의 개수와 같으므로 ${}_3H_{5-3} = 6$이다.

② 방정식 $x + y + z = 4$의 음이 아닌 정수의 개수와 같으므로 ${}_3H_4 = 15$이다.

(4) ① $P(5, 3) = 2$

② $P(5, 3) + P(5, 2) + P(5, 1) = 5$

[분할]-[단원종합문제]

1번) (답) 6

(풀이)

$P(9, 4)=P(5, 4)+P(5, 3)+P(5, 2)+P(5, 1)$

$=1+2+\left[\dfrac{5}{2}\right]+1=6$

2번) (답) 6

(풀이)

(방법1) 자연수 6을 짝수개의 자연수로 분할을 직접 하면

$6=5+1=4+2=3+3$

$=3+1+1+1$

$=2+2+1+1$

$=1+1+1+1+1+1$

이므로 6가지이다.

(방법2) $P(6, 2)+P(6, 4)+P(6, 6)$

$=\left[\dfrac{6}{2}\right]+P(5, 3)+1$

$=3+P(4, 2)+1=6$

3번) (답) 8

(풀이)

$9=9$

$=7+1+1=5+3+1=3+3+3$

$=5+1+1+1+1=3+3+1+1+1$

$=3+1+1+1+1+1+1$

$=1+1+1+1+1+1+1+1+1$

4번) (답) 12

(풀이)

(1) 1이 5개 이상 포함된 분할

⇨ $11=6+1+1+1+1+1$이므로 1이 5개 이상 포함된 분할은 6의 서로 다른 분할의 수를 생각하는 것과 같고 이는 다음과 같다.

$P(6, 1)+P(6, 2)+P(6, 3)+$

$P(6, 4)+P(6, 5)+P(6, 6)$

$=11$

(2) 2가 5개 이상 포함된 분할

⇨ $11=2+2+2+2+2+1$이므로 한 가지

따라서 모든 구하는 경우의 수는 11+1=12(가지)이다.

5번) (답) 5

(풀이)

(1) 빈 필통이 1개인 경우

⇨ $P(7, 4)=P(6, 3)+P(7-4, 4)$

$=P(5, 2)+P(3, 3)=3$

또는

$P(7, 4)=P(3, 3)+P(3, 2)+P(3, 1)$

$=1+1+1=3$

(2) 빈 필통이 0개인 경우

⇨ $P(7, 5)=P(2, 2)+P(2, 1)=2$

따라서 모든 경우는 5이다.

6번) (답) 7

(풀이) 같은 물건을 다른 상자에 넣는 경우의 수는 중복조합으로 생각해야 하지만, 세 상자 A, B, C에 넣은 공의 개수가 $a\geq b\geq c$를 만족하는 것은 공의 개수 9를 3개의 자연수로 분할 한 뒤, 큰 순서대로 A, B, C에 배정하면 되므로 $P(9, 3)$으로 구하면 된다.

이때,

$P(9, 3)=P(8, 2)+P(6, 3)$

$=\left[\dfrac{8}{2}\right]+P(5, 2)+P(3, 3)=4+\left[\dfrac{5}{2}\right]+1=7$

7번) (답) 7

(풀이) 자연수 7을 7개 이하의 자연수의 합으로 나타내는 경우의 수는 $P(7, 1)+P(7, 2)+P(7, 3)+\cdots+P(7, 7)$이고 이는 $P(14, 7)$과 같다. 즉,

$P(7, 1)+P(7, 2)+P(7, 3)+\cdots+P(7, 7)$

$=P(14, 7)$

따라서 $k=7$이다.

8번) (답) 2

(풀이)

$S(6, 2)=S(5, 1)+2\times S(5, 2)$이므로 $n=2$이다.

9번) (답) 150

(풀이)

$S(5, 3) \times 3! = \left\{ {}_5C_1 \times {}_4C_1 \times \dfrac{1}{2!} + {}_5C_2 \times {}_3C_2 \times \dfrac{1}{2!} \right\} \times 3!$

$= 150$

10번) (답) 16

(풀이) 이는 함수

f: {사과, 배, 감, 바나나} $\rightarrow$ {A, B, C}의 개수와 같으므로 $2^4 = 16$(가지)이다.

11번) (답) 2160

(풀이)

탑승객 6명을 3조로 구성한 뒤, 2층 3층 4층 5층에서 3개를 택하여 순서있게 배정하면 되므로 $S(6, 3) \times {}_4P_3$이다. 이때,

$S(6, 3) = S(5, 2) + 3S(5, 3) = 90$이므로

$S(6, 3) \times {}_4P_3 = 90 \times 4! = 2160$

12번) (답) 63

(풀이) 두 집합 $A = \{1, \square, \cdots\}$, $B = \{1, \triangle, \cdots\}$에 대하여 집합 {2, 3, 4, 5, 6, 7, 8}를 공집합이 아닌 두 개의 집합으로 분할하면 된다. 따라서 $S(7, 2) = 2^{7-1} - 1 = 63$이다.

13번)

(풀이) (1) ${}_{10}C_4$ (2) ${}_{10}P_4$

(3) $4! \times S(10, 4)$ (4) 4^{10}

(5) $S(10, 4)$

(6) $S(10, 1) + S(10, 2) + S(10, 3) + S(10, 4)$

(7) ${}_4H_6 = {}_9C_3$

(8) ${}_4H_{10} = {}_{13}C_{10}$

(9) $P(10, 4)$

(10) $P(10, 1) + P(10, 2) + P(10, 3) + P(10, 4)$

14번) (답) ㄱ, ㄴ

(풀이)

ㄱ. $f(n, k) = P(n, k)$이고, $P(8, 3) = P(7, 2) + P(5, 3) = \left[\dfrac{7}{2}\right] + 2 = 5$이다.(참)

ㄴ. $f(9, 4) = P(9, 4)$이므로 같은 모양의 공 9개를 같은 모양의 상자 4개에 빈 상자 없이 넣는 경우의 수 이다. 이는 4개의 상자에 미리 공을 한 개씩 넣은 뒤, 남은 5개의 공을 4개 이하의 상자에 넣으면 되므로 $P(5, 4) + P(5, 3) + P(5, 2) + P(5, 1)$이다. 즉, 다음이 성립한다.

$f(9, 4) = f(5, 4) + f(5, 3) + f(5, 2) + f(5, 1)$

(참)

ㄷ. $g(9, 4)$는 같은 모양의 공 9개를 다른 모양의 상자 4개에 빈 상자 없이 넣는 경우의 수이므로 방정식 $x + y + z + w = 9$의 양의 정수해의 개수이다. 이는 w의 값에 따라 다음과 같이 구할 수 있다.

$w = 1$일 때, $x + y + z = 8$의 양의 정수해의 개수 $\Rightarrow$ $g(8, 3)$

$w = 2$일 때, $x + y + z = 7$의 양의 정수해의 개수 $\Rightarrow$ $g(7, 3)$

$w = 3$일 때, $x + y + z = 6$의 양의 정수해의 개수 $\Rightarrow$ $g(6, 3)$

$w = 4$일 때, $x + y + z = 5$의 양의 정수해의 개수 $\Rightarrow$ $g(5, 3)$

$w = 5$일 때, $x + y + z = 4$의 양의 정수해의 개수 $\Rightarrow$ $g(4, 3)$

$w = 6$일 때, $x + y + z = 3$의 양의 정수해의 개수 $\Rightarrow$ $g(3, 3)$

즉, $x + y + z + w = 9$의 양의 정수해의 개수 $g(9, 4)$는 $g(8, 3) + g(7, 3) + \cdots g(3, 3)$와 같으므로 ㄷ은 거짓이다. (거짓)

Tip) ㄷ에서 우변 $g(3, 3) + g(4, 3) + g(5, 3) + \cdots + g(9, 3)$이 나타내는 것은 부등식 $x + y + z \leq 9$의 양의 정수해의 개수이므로 이를 '중복조합'에서 배운 내용을 이용하면 방정식 $x + y + z + w = 10$의 양의 정수해의 개수와 같다. 즉,

$g(3, 3) + g(4, 3) + g(5, 3) + \cdots + g(9, 3)$

$= g(10, 4)$이다.

15번) (답) 풀이 참조

(풀이) $S(n, n-2)$는 n개의 원소를 갖는 집합을 $(n-2)$개의 공집합이 아닌 부분집합으로 분할하는 경우의 수를 구하기 위해 자연수 n을 $(n-2)$로 분할을 해야 하고, 이는 $n-2$개의 같은 모양의

상자에 같은 모양의 공을 한 개씩 넣으면 남는 2개를 두 개 이하의 상자에 넣으면 된다. 따라서

(1) 남는 2개를 한 상자에 넣는 경우

⇨ 집합의 분할은 한 부분집합의 원소의 개수가 3개이고 나머지는 모두 한 원소 집합이므로 그 경우의 수는 $_nC_3$이다.

(2) 남는 2개를 두 개의 상자에 한 개씩 넣는 경우

⇨ 집합의 분할은 두 부분집합의 원소의 개수가 2개이고 나머지는 모두 한 원소 집합이므로 그 경우의 수는 $_nC_2 \times _{n-2}C_2 \times \dfrac{1}{2!} = _nC_4 \times 3$이다.

따라서 $S(n, n-2) = _nC_3 + 3 \times _nC_4$가 성립한다.

16번) (답) 2046

(풀이)

흰 공을 가장 왼쪽에 넣는다고 가정하고 각 경우에 대해 살펴보자.

$k=1$인 경우는 아래와 같이 서로 다른 두 그릇에 같은 모양의 공을 넣은 경우의 수와 같고 이는 방정식 $x+y=12$의 양의 정수해의 개수와 같다. 즉, $_2H_{12-2}$이다.

$k=2$인 경우는 아래와 같이 서로 다른 세 그릇에 같은 모양의 공을 넣은 경우의 수와 같고 이는 방정식 $x+y+z=12$의 양의 정수해의 개수와 같다. 즉, $_3H_{12-3}$

$k=3$인 경우는 아래와 같이 서로 다른 네 그릇에 같은 모양의 공을 넣은 경우의 수와 같고 이는 방정식 $x+y+z+w=12$의 양의 정수해의 개수와 같다. 즉, $_4H_{12-4}$

$k=5$인 경우는 아래와 같이 서로 다른 다섯 그릇에 같은 모양의 공을 넣은 경우의 수와 같고 이는 방정식 $x+y+z+w+a+\beta=12$의 양의 정수해의 개수와 같다. 즉, $_6H_{12-6}$

이제 흰 공과 검은 공의 역할을 바꿀 수 있으므로 모든 경우의 수는 다음과 같다.

$2 \times (_2H_{10} + _3H_9 + _4H_8 + _5H_7 + _6H_6)$

$= 2(_{11}C_{10} + _{11}C_9 + _{11}C_8 + _{11}C_7 + _{11}C_6)$

$= 2(_{11}C_0 + _{11}C_1 + _{11}C_2 + _{11}C_3 + _{11}C_4 + _{11}C_5 - 1)$

(이항정리 단원에서 배울 '하키스틱 법칙'에 의해)

$= 2(\dfrac{2^{11}}{2} - 1) = 2046$

[이항정리와 다항정리]

문제1) (답) $\dfrac{5}{3}$

문제2) (답) 176

문제3) (답) 0

문제4) (답) 240

문제5) (답) 386

문제6) (답) 110

(풀이)

$_5C_3 + _6C_4 + _7C_5 + _8C_6 + _9C_7$

$= (_2C_0 + _3C_1 + _4C_2) + _5C_3 + _6C_4 + _7C_5 + _8C_6 + _9C_7$

$- (_2C_0 + _3C_1 + _4C_2) = 110$

문제7) (답) $_xH_y = _{n+1}H_r$이므로 $x=n+1, y=r$

또는 $_{n+1}H_r = _{r+1}H_n$이므로 $x=r+1, y=n$이다.

문제8) (답) $\dfrac{4!}{0!1!3!} x^0 y^1 (5z)^3 = 500yz^3$

문제9) (답)(1) 120   (2) $_3H_5 = 21$ (3) 4^5

[단원 종합 문제]-[이항정리와 다항정리]

1번) (답) $_nC_{n-3}a = 3n$

2번) (답) 2071

(풀이) $70^{30}=(69+1)^{30}=\sum_{k=0}^{30}{}_{30}C_k(69)^k$이므로 69로 나눈 나머지는 ${}_{30}C_0=1$이고, 69^2으로 나눈 나머지는 ${}_{30}C_0+{}_{30}C_1\times69=2071$이다.

3번) (답) 풀이 참고

(풀이)

$\{a+(b+c)^2\}^8=\sum_{k=0}^{8}{}_8C_k a^{8-k}(b+c)^{2k}$

$=\sum_{k=0}^{8}{}_8C_k a^{8-k}\left(\sum_{i=0}^{2k}{}_{2k}C_i b^i c^{2k-i}\right)$

$=\sum_{k=0}^{8}\left\{\sum_{i=0}^{2k}\left({}_8C_k\,{}_{2k}C_i a^{8-k}b^i c^{2k-i}\right)\right\}$

(1) $a^3b^6c^4$을 포함하는 항은 $8-k=3$, $i=6$, $2k-i=4$일 때이므로 $a^3b^6c^4$의 계수는

$${}_8C_5\times{}_{10}C_6=11760$$

(2) 위의 전개식에서 $k=0, 1, 2, 3, \cdots, 8$이고 $k=m$일 때

$i=0, 1, 2, \cdots, 2m$의 $(2m+1)$개의 항이 생기므로

(항의 개수)$=\sum_{k=0}^{8}(2k+1)=2\times\dfrac{8\times9}{2}+9=81$(개)

(3) $a=b=c=1$을 대입하면 계수의 총합은

$\{1+(1+1)^2\}^8=5^8$

4번) (답) (1) 5 (2) 28

(풀이) (1) $(1+x)^m(1+x^2)^n=$

$(1+{}_mC_1x+\cdots+{}_mC_mx^m)(1+{}_nC_1x^2+\cdots+{}_nC_nx^{2n})$

위 식에서 x, x^2, x^3의 계수를 차례대로 a_1, a_2, a_3라 하면

$a_1=m$, $a_2=\dfrac{m(m-1)}{2}+n$,

$a_3=\dfrac{m(m-1)(m-2)}{6}+mn$

주어진 조건 $a_2=12$에서 $m(m-1)+2n=24\ \cdots$ ①

m, n이 자연수이므로 $0\le m(m-1)\le22$에서

$1\le m\le5$

따라서, a_1의 최댓값은 5

(2) $1\le m\le5$인 자연수 m에 대하여, ①을 만족시키는 n, a_3을 구하면

$m=1$일 때, $n=12$, $a_3=12$

$m=2$일 때, $n=11$, $a_3=22$

$m=3$일 때, $n=9$, $a_3=28$

$m=4$일 때, $n=6$, $a_3=28$

$m=5$일 때, $n=2$, $a_3=20$

그러므로, a_3의 최댓값은 28

5번) (답) 12

(풀이) $2(x+a)^n$의 전개식에서 x^{n-1}의 계수는

$2{}_nC_1a^1=2an$

$(x-1)(x+a)^n=x(x+a)^n-(x+a)^n$이므로 이 전개식에서 x^{n-1}의 계수는

${}_nC_2a^2-an=\dfrac{n(n-1)}{2}a^2-an$

이 때, $2an=\dfrac{n(n-1)}{2}a^2-an$ 즉,

$3an=\dfrac{n(n-1)}{2}a^2$이어야 하므로 $3=\dfrac{n-1}{2}a$

$\therefore a(n-1)=6\ \cdots$ ㉠

㉠을 만족하는 모든 경우를 조사하면 an의 최대값은 12이다.

6번) (답) 풀이참고

(풀이) (1) $(1+x)^n={}_nC_0+{}_nC_1x+{}_nC_2x^2+\cdots+{}_nC_nx^n$의 양변을 $[-1, 0]$범위에서 x에 관해 정적분하면

$\displaystyle\int_{-1}^{0}(1+x)^n dx=\int_{-1}^{0}\left(\sum_{k=0}^{n}{}_nC_kx^k\right)dx$이고, 계산을 통해 주어진 식을 얻는다.

(2) 이항계수의 성질(5)에서 증명한 아래의 식에 대하여

${}_nC_0+\dfrac{1}{2}{}_nC_1+\dfrac{1}{3}{}_nC_2+\cdots+\dfrac{1}{n+1}{}_nC_n=\dfrac{2^{n+1}-1}{n+1}\ ---(*)$

$(*)$에서 (1)을 빼면

$2\left(\dfrac{1}{2}{}_nC_1+\dfrac{1}{4}{}_nC_3+\cdots\right)=\dfrac{2(2^n-1)}{n+1}$이고, 정리하여 주어진 식을 얻는다.

(3) $(*)$에서 (1)을 더하면

$2\left({}_nC_0+\dfrac{1}{3}{}_nC_2+\cdots\right)=\dfrac{2^{n+1}}{n+1}$

7번) (답) -2^{49}

(풀이) 이항정리에서

$(1+x)^{99}={}_{99}C_0+{}_{99}C_1x+{}_{99}C_2x^2+\cdots+{}_{99}C_{99}x^{99}$

$x=i$를 대입하면

$(1+i)^{99}=({}_{99}C_0-{}_{99}C_2+{}_{99}C_4-\cdots)$

$+i({}_{99}C_1-{}_{99}C_3+{}_{99}C_5-\cdots)$

$x=-i$를 대입하면

$(1-i)^{99}=({}_{99}C_0-{}_{99}C_2+{}_{99}C_4-\cdots)$

$-i({}_{99}C_1-{}_{99}C_3+{}_{99}C_5-\cdots)$

따라서 구하는 값은

$\displaystyle\sum_{k=0}^{49}(-1)^k{}_{99}C_{2k}=\dfrac{(1+i)^{99}+(1-i)^{99}}{2}=\dfrac{-2^{50}}{2}=-2^{49}$

8번) (답) 풀이참고

(풀이), $(p+q)^n=\displaystyle\sum_{r=0}^{n}{}_nC_r p^r q^{n-r}$이고,

$r\,{}_nC_r=n\,{}_{n-1}C_{r-1}$이므로

$\displaystyle\sum_{r=0}^{n}r\,{}_nC_r\,p^r q^{n-r}=\sum_{r=0}^{n}r\dfrac{n!}{r!(n-r)!}\,p^r q^{n-r}$

$\displaystyle\sum_{r=1}^{n}\dfrac{n(n-1)!}{(r-1)!(n-r)!}\,p\cdot p^{r-1}q^{n-r}$

$\qquad=np\displaystyle\sum_{k=0}^{n-1}{}_{n-1}C_k p^k q^{(n-1)-k}$

$=np(p+q)^{n-1}=np$

$\therefore\displaystyle\sum_{r=0}^{n}r\,{}_nC_r\,p^r q^{n-r}=np$

9번) (답) 풀이참고

(풀이) 주어진 식은 $\{3+(x^2+2)\}^5$이므로

$(x^2+5)^5$의 전개식에서 x^6항을 구하면

${}_5C_3(x^2)^3 5^2=250x^6$이므로 계수는 250이 된다.

10번)

(풀이) 짝수개의 공을 꺼내려면 자연수가 적힌
공을 홀수 개, 문자가 적힌 공을 홀수 개 꺼내면
되므로 구하는 경우의 수는 다음과 같다.

$({}_{10}C_1+{}_{10}C_3+\cdots+{}_{10}C_9)({}_6C_1+{}_6C_3+{}_6C_5)=\dfrac{2^{10}}{2}\times\dfrac{2^6}{2}=2^{14}$

11번) (답) (1) 풀이참고 (2) 풀이참고

(풀이)(1) a, b, c, d에서 중복을 허락하여 8개를
취해 곱할 때마다 항이 하나씩 얻어지므로 중복
조합의 수와 같다.

$\therefore m={}_4H_8$

그리고 a, b, c, d의 개수를 각각 x, y, z, w라 하면
$a^x b^y c^z d^w$에서 $x+y+z+w=8$일 때 서로 다른 항들이
얻어진다. 결국 $m=n$. 이 때 x, y, z, w는 음이 아니
다.

또, $x+y+z+w=8$에서 $w=0$, 1, $\cdots$, 8의 모든 경우에

대하여

$\qquad x+y+z=8,\ 7,\ \cdots,\ 0$

을 얻고 이들 방정식의 모든 해가 부등식

$x+y+z\leq8$을 만족한다.

결국 p는 n과 같은 것이다. 이상에서

$\qquad m=n=p$

(2) $x_1+x_2+\cdots+x_n+x_{n+1}=r$의 음이 아닌 정수 해의 개
수는 ${}_{n+1}H_r$이고, $x_{n+1}=0$, 1, $\cdots$, r의 각 경우에 대하여
$x_1+x_2+\cdots+x_n=r$, $r-1$, $\cdots$, 0을 얻고 이들의 해의 수
는 각각 ${}_nH_r$, ${}_nH_{r-1}$, $\cdots$, ${}_nH_0$을 얻고 이들의 합이 주
어진 부등식 $x_1+x_2+\cdots+x_n\leq r$의 해의 개수이다.

$\therefore {}_nH_0+{}_nH_1+{}_nH_2+\cdots+{}_nH_r={}_{n+1}H_r$

12번) (답) $\dfrac{2^{200}+2^{42}}{5}-1$

[포함과 배제의 원리]

문제1) (답) 16(가지)

(풀이) $60=2^2\times3\times5$이므로, 2, 3, 5를 약수로 가
지지 않는 양의 정수의 개수를 구해야 한다.

S를 1부터 60까지의 정수의 집합이라 하고,
$A_2\subset S$을 2의 배수, $A_3\subset S$를 3의 배수, $A_5\subset S$를 5
의 배수의 집합이라 하자. 그러면,

$\qquad n(A_2)=\dfrac{60}{2}=30,$

$n(A_3)=\dfrac{60}{3}=20,\ n(A_5)=\dfrac{60}{5}=12$

이므로 구하는 경우의 수는 다음과 같다.

$60-n(A_2\cup A_3\cup A_5)$

$=60-\{(30+20+12)-(10+4+6)+2\}=16$

문제2) (답) 116가지

(풀이) 사과를 x개, 배를 y개, 귤을 z개, 수박을 w
개 택한다고 하면 주어진 문제는 다음의 방정식
이 된다.

$\qquad x+y+z+w=10$

$(0\leq x\leq10,\ 0\leq y\leq3,\ 0\leq z\leq4,\ 0\leq w\leq5)$

이제 이 방정식의 해의 개수는 포함과 배제의 원
리를 이용하면 다음과 같다.

$_4H_{10}-_4H_6-_4H_5-_4H_4+_4H_1+_4H_0=116$(가지)

(풀이2) 주어진 과일에서 12개의 과일을 선택하려면 사과로만은 불가능 하다. 따라서 배, 귤 수박 중 적어도 하나를 선택해야 한다. 우선 선택되는 배의 개수는 0, 1, 2, 3개이므로 배를 선택하는 경우의 수는 4가지, 마찬가지로 귤을 선택하는 경우의 수는 5가지, 수박을 선택하는 경우의 수는 6가지이므로 배, 귤, 수박을 선택하는 경우의 수는 4×5×6가지이고, 이 경우의 수에서 과일을 10개를 초과하여 선택하는 경우의 수를 제외하면 된다. 이때, 11개를 선택하는 경우의 수가 3가지, 12선택하는 경우의 수가 1가지이므로 구하는 경우의 수는 다음과 같다. 4×5×6-3-1=116(가지)이다.

[교란수]

문제1) (답) 40

(풀이) 자신과 대응할 3개의 원소를 택하는 방법의 수는 $_6C_3=20$.

그 이외의 원소는 모두 다른 수에 대응해야 하므로 그 수는 $D_3=2$

∴ 구하는 함수 f의 개수는 $_6C_3 \cdot D_3=20 \cdot 2=40$

[단원 종합 문제]-[포함과 배제의 원리, 교란수]

1번) (답) 18(가지)

(풀이) $x+y+z=9$방정식 의 정수해의 개수를 'x, y, z에서 중복 허용하여 9개를 택하는 경우의 수'로 생각하여 풀어보면, (전체 정수해 개수)-($y \geq 6$이거나 $z \geq 3$인 정수해 개수)

i) $y \geq 6$인 음이 아닌 정수해 개수는 x, y, z에서 y를 6번 이상 선택하는 경우의 수이므로 미리 y를 6번 택한 후, 남은 9-6=3번을 x, y, z에서 중복허용하여 택하면 되므로 $_3H_{9-6}=_3H_3$. 마찬가지로

ii) $z \geq 3$인 음이 아닌 정수해 개수는 x, y, z에서 z를 3번 미리 택한 후, 남은 9-3=6번을 x, y, z에

서 중복허용하여 택하면 되므로 $_3H_{9-3}=_3H_6$.

iii) ($y \geq 6$ 이거나 $z \geq 3$인 정수해 개수)

=($y \geq 6$인 정수해 개수)+($z \geq 3$인 정수해 개수)-($y \geq 6$이고 $z \geq 3$인 정수해 개수)

여기서 ($y \geq 6$이고 $z \geq 3$인 $x+y+z=9$의 음 아닌 정수해 개수)는 $x=0$, $y=6$, $z=3$인 경우인 한 가지. 즉, ($y \geq 6$ 이거나 $z \geq 3$인 정수해 개수)=$_3H_3+_3H_6-1$

iv) 따라서 (전체 정수해 개수)-($y \geq 6$이거나 $z \geq 3$인 정수해 개수)=$_3H_9-(_3H_3+_3H_6-1)=18$

2번) (답) 96

(풀이) $y_1=x_1-1, y_2=x_2, y_3=x_3-4, y_4=x_4-2$로 치환하면

$0 \leq y_1 \leq 5, 0 \leq y_2 \leq 7, 0 \leq y_3 \leq 4, 0 \leq y_4 \leq 4$이고, $x_1+x_2+x_3+x_4=y_1+y_2+y_3+y_4+7=20$.

∴ $y_1+y_2+y_3+y_4=13$

이 방정식의 음이 아닌 정수해의 집합을 S라 하고, S에서 $y_1 \geq 6, y_2 \geq 8, y_3 \geq 5, y_4 \geq 5$인 해의 집합을 각각 A_1, A_2, A_3, A_4라 하자. 그러면

$n(S)=_4H_{13}=560, n(A_1)=_4H_7=120,$

$n(A_2)=_4H_5=56, n(A_3)=n(A_4)=_4H_8=165$

$n(A_1 \cap A_2)=0,$

$n(A_1 \cap A_3)=n(A_1 \cap A_4)=_4H_2=10,$

$n(A_2 \cap A_3)=n(A_2 \cap A_4)=_4H_0=1,$

$n(A_3 \cap A_4)=_4H_3=20$

나머지 어느 3개의 교집합도 공집합이다.

따라서 $(A_1^c \cap A_2^c \cap A_3^c \cap A_4^c)$

$=560-(120+56+165+165)$

$+(10+10+1+1+20)=96$

3번) (답) 57

(풀이1) 사과를 x개, 배를 y개, 감을 z개 선택한다고 하자. 그럼,

$0 \leq x, y, z \leq 8$이고 $x+y+z=14$

따라서, $_3H_{14}-3 \times _3H_5=57$

(풀이2) x, y, z에 제한을 하지 않고 음이 아닌 정

수해의 집합을 S라 하고, x, y, z가 9 이상인 해의

집합을 각각 A, B, C라 하자. 그러면

$n(S) =\,_3H_{14} = 120$

$n(A) = n(B) = n(C) =\,_3H_5 = 21,$

$\qquad n(A \cap B) = n(B \cap C) = n(C \cap A).$

$\qquad = n(A \cap B \cap C) = 0$

$\therefore\ n(A^c \cap B^c \cap C^c) = 120 - 3 \times 21 = 57$

4번) (답) 3600(가지)

  (풀이) $(120 - 3 \times 24 + 2 \times 6)^2 = 60^2 = 3600$

5번) (풀이) 4개를 뽑아 제자리에 고정하는 방법의

수는 $_9C_4 = 126$(가지)

남은 5개의 교란의 수는

$\quad D_5 = 5!\left(\dfrac{1}{2!} - \dfrac{1}{3!} + \dfrac{1}{4!} - \dfrac{1}{5!}\right) = 44$

$\quad \therefore\ _9C_4 \times D_5 = 5544$

6번) (풀이) $_4C_0 \times D_8 +\,_4C_1 \times D_7 +\,_4C_2 \times D_6$

$\qquad\qquad +\,_4C_3 \times D_5 +\,_4C_4 \times D_4 = 24024$

7번) (답) $\displaystyle\sum_{x=w}^{n}\,_nC_x \times D_{n-x}$

8번) (답) $(D_5)^2 = 44^2$

영재들의 강의노트 (확률과 통계 : 상)

인쇄일 2023년 8월 17일
발행일 2023년 8월 17일

지은이 김소연
펴낸이 김소연
펴낸 곳 도서출판 가성비
이메일 gasungbi01@daum.net

가격 14,000원
ISBN 979-11-978786-8-8